Redis
入门指南
（第3版）

李子骅 ◎ 著

人民邮电出版社

北京

图书在版编目（CIP）数据

Redis入门指南 / 李子骅著. -- 3版. -- 北京：人
民邮电出版社，2021.10
ISBN 978-7-115-56989-9

Ⅰ. ①R… Ⅱ. ①李… Ⅲ. ①数据库－指南 Ⅳ.
①TP311-62

中国版本图书馆CIP数据核字(2021)第145970号

内 容 提 要

本书是一本 Redis 的入门指导图书，以通俗易懂的方式介绍了 Redis 基础与实践方面的知识，包括历史与特性，在开发环境和生产环境中部署运行 Redis，数据类型与命令，使用 Redis 实现事务、排序、消息通知、管道、Redis 存储空间的优化，持久化等内容，并采用"任务驱动"的方式介绍了 PHP、Ruby、Python 和 Node.js 这 4 种编程语言的 Redis 客户端库的使用方法。

本书的目标读者不仅包括 Redis 新手，还包括已经掌握 Redis 使用方法的读者。对新手而言，本书的内容由浅入深且紧贴实践，让读者真正能够即学即用；对于已经了解 Redis 的读者，通过本书的大量实例以及细节介绍，也能发现很多新的技巧。

◆ 著　　　　李子骅
　　责任编辑　刘雅思
　　责任印制　王　郁　焦志炜

◆ 人民邮电出版社出版发行　　北京市丰台区成寿寺路 11 号
　　邮编　100164　　电子邮件　315@ptpress.com.cn
　　网址　https://www.ptpress.com.cn
　　三河市君旺印务有限公司印刷

◆ 开本：800×1000　1/16
　　印张：14.5
　　字数：306 千字　　　　　　　　2021 年 10 月第 3 版
　　印数：21 901 – 24 400 册　　　 2021 年 10 月河北第 1 次印刷

定价：59.90 元

读者服务热线：(010)81055410　印装质量热线：(010)81055316
反盗版热线：(010)81055315
广告经营许可证：京东市监广登字 20170147 号

前　言

作为数据库领域的后起之秀，Redis 如今已经成为 Web 开发社区中最火热的数据库之一。随着 Web 2.0 的蓬勃发展，网站数据快速增长，对高性能读写的需求也越来越多，再加上半结构化数据的比重逐渐增大，人们对早已被铺天盖地地运用着的关系数据库能否适应现今的存储需求产生了疑问，而 Redis 的迅猛发展为这个领域注入了全新的思维。

Redis 凭借其全面的功能受到越来越多的公司的青睐，从初创企业到拥有几百台 Redis 服务器的大公司，都能看到 Redis 的身影。Redis 也是一个名副其实的多面手，无论是存储、队列还是缓存系统，都有它的用武之地。

本书将从 Redis 的历史讲起，结合基础与实践，带领读者一步步进入 Redis 的世界。

第 3 版说明

距离本书第 2 版出版已经过去了 6 年，Redis 在这期间也发生了巨大的改变。从 3.0 版到 6.0 版，Redis 的每个重大版本都给日益壮大的开发者群体带来更多激动人心的新功能。从能更好地胜任消息中间件的流类型，到大大丰富 Redis 使用场景的模块系统，整个 Redis 的发展过程就是 Redis 的开发者与用户良好互动的最佳印证。

截至 2021 年，在 Stack Overflow 发布的全球开发者调查报告中，Redis 连续 4 年蝉联 "最受开发者喜爱的数据库" 以及 "亚马逊云使用最广泛的数据库" 两项殊荣。借此时机，本书第 3 版对这几年中 Redis 推出的重要功能以及社区生态的变化进行相应更新，希望能将这些新的信息与广大读者分享。

目标读者

本书假定读者是 Redis 新手，甚至可能连 Redis 是什么都没听说过。本书将详细介绍 Redis 是什么以及为什么要使用 Redis，旨在让读者从零开始，逐步晋级为一个优秀的 Redis 开发者。

本书还包含很多 Redis 实践方面的知识，有经验的 Redis 开发者完全可以直接跳过已经掌握的内容，只阅读感兴趣的部分。每章的引言都简要介绍了这一章要讲解的内容，供读者参考。

本书不需要读者掌握任何 Redis 的背景知识，不过如果读者有 Web 后端开发经验或 Linux 操作系统使用经验，阅读本书将会更加得心应手。

组织结构

第 1 章介绍了 Redis 的历史与特性，主要回答初学者最关心的两个问题，即 Redis 是什么和为什么要使用 Redis。

第 2 章介绍了如何安装和运行 Redis。如果你身旁的计算机没有运行 Redis，那么一定不要错过这一章，因为本书后面的部分都希望读者能一边阅读一边实践，以提高学习效率。这一章还会介绍 Redis 命令行客户端的使用方法等基础知识，这些都是实践前需要掌握的知识。

第 3 章介绍了 Redis 的数据类型。这一章讲解的不仅是每个数据类型和命令格式，还会着重讲解每个数据类型在实践中如何使用。这一章会带领读者从零开始，一步步地使用 Redis 构建一个博客系统。读者在学习完这一章的内容之后可以直接在自己的项目中上手实践 Redis。

第 4 章介绍了一些 Redis 的进阶知识，例如事务和消息通知等。同样这一章还会继续以博客系统为例，以实践驱动学习。

第 5 章介绍了如何在各种编程语言中使用 Redis，这些语言包括 PHP、Ruby、Python 和 Node.js。其中，讲解每种编程语言时，都会用一个有趣的例子进行演示，即使读者不了解某些编程语言，阅读这些例子也能让你收获颇丰。

第 6 章介绍了 Redis 脚本的强大功能。这一章会向读者讲解如何借助脚本扩展 Redis，并且会对脚本中一些需要注意的知识（如沙盒、随机结果等）进行着重介绍。

第 7 章介绍了 Redis 持久化的知识。Redis 持久化包含 RDB 和 AOF 两种方式，对持久化的支持是 Redis 可以用作数据库的必要条件。

第 8 章介绍了多个 Redis 实例的维护方法，包括使用复制实现读写分离、借助哨兵来自动完成故障恢复以及通过集群来实现数据分片。

第 9 章介绍了 Redis 安全和通信协议相关的内容，并推荐了几个第三方的 Redis 管理工具。

附录 A 收录了 Redis 命令的不同属性以及这些属性的特征。

附录 B 收录了 Redis 部分配置参数的章节索引。

附录 C 收录了 Redis 使用的 CRC16 实现代码。

排版约定

本书排版使用字体遵从以下约定。

- 等宽字：表示在命令行中输入的命令以及返回结果、程序代码、Redis 的命令（包括命令语句和命令定义）。
- 等宽斜体字（或夹在其中的中文楷体字）：表示命令或程序代码中由用户自行替换的参数或变量。
- 等宽粗体字：表示命令行中用户的输入内容、伪代码中的 Redis 命令。

- 命令行的输入和输出以如下格式显示：

```
$ redis-cli PING
PONG
```

- Redis 命令行客户端的输入和输出以如下格式显示：

```
redis> SET foo bar
OK
```

- 程序代码以如下格式显示：

```javascript
var redis = require("redis");
var client = redis.createClient();

// 将两个对象 JSON 序列化后存入数据库中
client.mset(
    'user:1', JSON.stringify(bob),
    'user:2', JSON.stringify(jeff)
);
```

代码约定

本书的部分章节采用伪代码讲解，这种伪代码类似于 Ruby 和 PHP 代码，例如：

```
def hsetnx($key, $field, $value)
    $isExists = HEXISTS $key, $field
    if $isExists is 0
        HSET $key, $field, $value
        return 1
    else
        return 0
```

其中，变量使用$符号标识，Redis 命令使用粗体表示并省略括号，以便于阅读。在命令调用和 print 等语句中，没有$符号的字符串会被当作字符串字面值。

附加文件

本书第 5 章中每一节都包含一个完整的程序，读者最好自己输入这些代码来加深理解，当然，先查看程序的运行结果再开始学习也不失为一个好办法。

这些程序代码都存放在 GitHub 上（https://github.com/luin/redis-book-v3-code），供读者查看和下载。读者也可以从异步社区（https://www.epubit.com）本书页面下载程序代码。

致谢

在写作本书的过程中，我得到了很多朋友的帮助。请允许我在这里占用少许篇幅，向他们致以诚挚的谢意。

感谢人民邮电出版社的杨海玲编辑对本书的支持，没有她的悉心指导，本书就无法顺利完成。

感谢刘亚晨、李欣越、寇祖阳和余尧，他们帮我承担了许多额外的工作，使得我可以全身心地投入写作。

感谢所有浏览本书初稿并提出意见和建议的人：张沈鹏、陈硕实、刘其帅、扈煊、李其超、朱冲宇、王诗吟、黄山月、刘昕、韩重远、李申申、杨海朝、田琪等，感谢你们的支持。

另外，还要感谢"宋老师"，是的，就是书中的主人公之一。几年前我刚创业时，办公场所是和某教育机构合租的。宋老师是该机构的一名老师，同时他也是国内一个知名嘻哈乐团的成员。他平日风趣的谈吐给我们带来了很多欢乐，伴随我们度过了艰苦的创业初期。而我接触Redis，也正是从这段时间开始的。

资源与支持

本书由异步社区出品，社区（https://www.epubit.com/）为您提供相关资源和后续服务。

配套资源

本书提供源代码下载，要获得相关配套资源，请在异步社区本书页面中点击 配套资源 ，跳转到下载界面，按提示进行操作即可。注意：为保证购书读者的权益，该操作会给出相关提示，要求输入提取码进行验证。

提交勘误

作者和编辑尽最大努力来确保书中内容的准确性，但难免会存在疏漏。欢迎您将发现的问题反馈给我们，帮助我们提升图书的质量。

当您发现错误时，请登录异步社区，按书名搜索，进入本书页面，点击"提交勘误"，输入勘误信息，点击"提交"按钮即可（见下图）。本书的作者和编辑会对您提交的勘误信息进行审核，确认并接受您的建议后，您将获赠异步社区的 100 积分。积分可用于在异步社区兑换优惠券、样书或奖品。

详细信息	写书评	提交勘误

页码：☐ 页内位置（行数）：☐ 勘误印次：☐

B I U ABC ☰ ▾ ☰ ▾ 〝 ⑨ ▣ ▤

字数统计

提交

扫码关注本书

扫描下方二维码，您将会在异步社区微信服务号中看到本书信息及相关的服务提示。

与我们联系

本书责任编辑的联系邮箱是 liuyasi@ptpress.com.cn。

如果您对本书有任何疑问或建议，请您发邮件给我们，并请在邮件标题中注明本书书名，以便我们更高效地做出反馈。

如果您有兴趣出版图书、录制教学视频或者参与技术审校等工作，可以直接发邮件给本书的责任编辑。

如果您来自学校、培训机构或企业，想批量购买本书或异步社区出版的其他图书，也可以发邮件给我们。

如果您在网上发现有针对异步社区出品图书的各种形式的盗版行为，包括对图书全部或部分内容的非授权传播，请您将怀疑有侵权行为的链接通过邮件发给我们。您的这一举动是对作者权益的保护，也是我们持续为您提供有价值的内容的动力之源。

关于异步社区和异步图书

"异步社区"是人民邮电出版社旗下 IT 图书社区，致力于出版精品 IT 图书和相关学习产品，为作译者提供优质出版服务。异步社区创办于 2015 年 8 月，提供大量精品 IT 图书和电子书，以及高品质技术文章和视频课程。更多详情请访问异步社区官网 https://www.epubit.com。

"异步图书"是由异步社区编辑团队策划出版的精品 IT 图书的品牌，依托于人民邮电出版社近 40 年的计算机图书出版积累和专业编辑团队，相关图书在封面上印有异步图书的LOGO。异步图书的出版领域包括软件开发、大数据、人工智能、测试、前端和网络技术等。

异步社区

微信服务号

目　录

第 1 章　简介 ················· 1

1.1　历史与发展 ············· 1

1.2　特性 ··················· 2

   1.2.1　存储结构 ··········· 2

   1.2.2　内存存储与持久化 ····· 3

   1.2.3　功能丰富 ··········· 4

   1.2.4　简单稳定 ··········· 4

第 2 章　准备 ················· 7

2.1　安装 Redis ············· 7

   2.1.1　在 POSIX 中安装 ····· 7

   2.1.2　在 macOS 中安装 ····· 8

   2.1.3　在 Windows 中安装 ··· 9

2.2　启动和停止 Redis ······· 10

   2.2.1　启动 Redis ········· 11

   2.2.2　停止 Redis ········· 13

2.3　Redis 命令行客户端 ····· 13

   2.3.1　发送命令 ··········· 13

   2.3.2　命令返回值 ········· 14

2.4　配置 ··················· 15

2.5　多数据库 ··············· 16

第 3 章　入门 ················· 19

3.1　热身 ··················· 19

3.2　字符串类型 ············· 21

   3.2.1　介绍 ··············· 22

   3.2.2　命令 ··············· 22

   3.2.3　实践 ··············· 25

   3.2.4　命令拾遗 ··········· 27

3.3　哈希类型 ··············· 32

   3.3.1　介绍 ··············· 32

   3.3.2　命令 ··············· 34

   3.3.3　实践 ··············· 36

   3.3.4　命令拾遗 ··········· 38

3.4　列表类型 ··············· 39

   3.4.1　介绍 ··············· 39

   3.4.2　命令 ··············· 40

   3.4.3　实践 ··············· 43

   3.4.4　命令拾遗 ··········· 44

3.5　集合类型 ··············· 46

   3.5.1　介绍 ··············· 47

   3.5.2　命令 ··············· 47

   3.5.3　实践 ··············· 50

   3.5.4　命令拾遗 ··········· 52

3.6　有序集合类型 ··········· 55

   3.6.1　介绍 ··············· 55

   3.6.2　命令 ··············· 56

   3.6.3　实践 ··············· 59

   3.6.4　命令拾遗 ··········· 60

3.7　流类型 ················· 63

   3.7.1　介绍 ··············· 64

   3.7.2　命令 ··············· 65

   3.7.3　实践 ··············· 67

   3.7.4　命令拾遗 ··········· 68

第 4 章　进阶 ················· 71

4.1　事务 ··················· 71

4.1.1 概述 ·················· 72
4.1.2 错误处理 ·············· 73
4.1.3 WATCH 命令 ········· 74
4.2 过期时间 ·················· 76
4.2.1 命令 ················· 76
4.2.2 实现访问频率限制之一 ····· 79
4.2.3 实现访问频率限制之二 ····· 80
4.2.4 实现缓存 ·············· 80
4.3 排序 ····················· 82
4.3.1 有序集合的集合操作 ······ 82
4.3.2 SORT 命令 ············ 83
4.3.3 BY 参数 ·············· 84
4.3.4 GET 参数 ············· 87
4.3.5 STORE 参数 ·········· 88
4.3.6 性能优化 ·············· 89
4.4 消息通知 ·················· 89
4.4.1 任务队列 ·············· 90
4.4.2 使用 Redis 实现任务队列 ··· 91
4.4.3 优先级队列 ············ 92
4.4.4 "发布/订阅"模式 ······· 93
4.4.5 按照规则订阅 ·········· 94
4.4.6 强大的流 ·············· 96
4.4.7 流与消费组 ············ 98
4.5 管道 ····················· 101
4.6 节省空间 ·················· 102
4.6.1 精简键名和键值 ········· 103
4.6.2 内部编码优化 ·········· 103

第 5 章 实践 ··················· 111

5.1 PHP 与 Redis ·············· 111
5.1.1 安装 ················· 111
5.1.2 使用方法 ·············· 112
5.1.3 简便用法 ·············· 113
5.1.4 实践：用户注册登录功能 ······ 114

5.2 Ruby 与 Redis ············· 118
5.2.1 安装 ················· 119
5.2.2 使用方法 ·············· 119
5.2.3 简便用法 ·············· 119
5.2.4 实践：自动完成 ········· 120
5.3 Python 与 Redis ·········· 123
5.3.1 安装 ················· 123
5.3.2 使用方法 ·············· 123
5.3.3 简便用法 ·············· 123
5.3.4 实践：在线的好友 ······· 124
5.4 Node.js 与 Redis ·········· 129
5.4.1 安装 ················· 129
5.4.2 使用方法 ·············· 129
5.4.3 简便用法 ·············· 131
5.4.4 实践：IP 地址查询 ······· 132

第 6 章 脚本 ··················· 137

6.1 概览 ····················· 137
6.1.1 脚本 ················· 138
6.1.2 实例：访问频率限制 ······ 138
6.2 Lua 语言 ················· 139
6.2.1 Lua 语法 ············· 140
6.2.2 标准库 ··············· 149
6.2.3 cjson 库和 cmsgpack 库 ········ 152
6.3 Redis 与 Lua ············· 153
6.3.1 在脚本中调用 Redis 命令 ···· 153
6.3.2 从脚本中返回值 ········· 153
6.3.3 脚本相关命令 ·········· 154
6.3.4 应用实例 ·············· 155
6.4 深入脚本 ·················· 158
6.4.1 KEYS 与 ARGV ········· 158
6.4.2 沙盒与随机数 ·········· 159
6.4.3 其他脚本相关命令 ······· 159
6.4.4 原子性和执行时间 ········ 160

第7章 持久化 ·········163

7.1 RDB 方式 ·········163

7.1.1 根据配置规则进行自动
快照 ·········164

7.1.2 执行 SAVE 或 BGSAVE
命令 ·········164

7.1.3 执行 FLUSHALL 命令 ·········165

7.1.4 执行复制时 ·········165

7.1.5 快照原理 ·········165

7.2 AOF 方式 ·········166

7.2.1 开启 AOF ·········167

7.2.2 AOF 的实现 ·········167

7.2.3 同步硬盘数据 ·········169

第8章 集群 ·········171

8.1 复制 ·········171

8.1.1 配置 ·········172

8.1.2 原理 ·········174

8.1.3 图结构 ·········176

8.1.4 读写分离与一致性 ·········177

8.1.5 从数据库持久化 ·········177

8.1.6 无硬盘复制 ·········177

8.1.7 增量复制 ·········178

8.2 哨兵 ·········179

8.2.1 什么是哨兵 ·········179

8.2.2 马上上手 ·········180

8.2.3 实现原理 ·········183

8.2.4 哨兵的部署 ·········186

8.3 集群 ·········187

8.3.1 配置集群 ·········187

8.3.2 节点的增加 ·········191

8.3.3 插槽的分配 ·········191

8.3.4 获取与插槽对应的节点 ·········196

8.3.5 故障恢复 ·········197

第9章 管理 ·········199

9.1 安全 ·········199

9.1.1 可信的环境 ·········199

9.1.2 数据库密码 ·········200

9.1.3 命名命令 ·········202

9.2 通信协议 ·········202

9.2.1 简单协议 ·········202

9.2.2 统一请求协议 ·········204

9.3 管理工具 ·········205

9.3.1 redis-cli ·········205

9.3.2 Medis ·········206

9.3.3 phpRedisAdmin ·········208

9.3.4 Rdbtools ·········210

附录 A Redis 命令属性 ·········211

A.1 REDIS_CMD_WRITE ·········211

A.2 REDIS_CMD_DENYOOM ·········213

A.3 REDIS_CMD_NOSCRIPT ·········214

A.4 REDIS_CMD_RANDOM ·········215

A.5 REDIS_CMD_SORT_FOR_
SCRIPT ·········215

A.6 REDIS_CMD_LOADING ·········215

附录 B 配置参数索引 ·········217

附录 C CRC16 实现参考 ·········219

第 1 章

简介

Redis 是一个开源的、高性能的、基于键值对的缓存与存储系统，通过提供多种键值数据类型来适应不同场景下的缓存与存储需求。同时 Redis 的诸多高层级功能使其可以胜任消息队列、任务队列等不同的角色。除此之外，Redis 还支持外部模块扩展，使其在某些场景下可以作为主数据库使用。

本章将分别介绍 Redis 的历史和特性，以使读者能够快速地对 Redis 有一个全面的了解。

1.1 历史与发展

2008 年，意大利的一家创业公司 Merzia 推出了一款基于 MySQL 的网站实时统计系统 LLOOGG，然而没过多久，该公司的创始人 Salvatore Sanfilippo 便开始对 MySQL 的性能感到失望，于是他决定亲自为 LLOOGG 量身定制一个数据库，并于 2009 年开发完成，这个数据库就是 Redis。不过 Salvatore Sanfilippo 并不满足将 Redis 只用于 LLOOGG 这一款产品，而是希望让更多的人使用它，于是在同一年 Salvatore Sanfilippo 将 Redis 开源发布，并开始和 Redis 的另一名主要的代码贡献者 Pieter Noordhuis 一起继续着 Redis 的开发。

Salvatore Sanfilippo 自己也没有想到，短短的几年时间，Redis 就拥有了庞大的用户群体。截至 2021 年，在 Stack Overflow 发布的全球开发者调查报告中，Redis 连续 4 年蝉联"最受开发者喜爱的数据库"以及"亚马逊云使用最广泛的数据库"两项殊荣。Redis 的国内用户包括新浪微博、街旁网和知乎等，国外用户包括 GitHub、Stack Overflow、Flickr、暴雪和 Instagram 等。

VMware 公司从 2010 年开始赞助 Redis 的开发，Salvatore Sanfilippo 和 Pieter Noordhuis

也分别于同年的 3 月和 5 月加入 VMware，全职开发 Redis。

随后在 2015 年 7 月 15 日，Salvatore Sanfilippo 加入一家位于美国加利福尼亚州的公司 Redis Labs。这家公司专门提供围绕 Redis 的数据库云服务。从此，Redis Labs 正式成为 Redis 的官方赞助商。

2020 年 6 月 30 日，Salvatore Sanfilippo 决定退居二线，即不再参与 Redis 的日常维护，而是作为 Redis Labs 的技术顾问去探索如何让 Redis 更进一步等更多未知的事情。自此，Redis Labs 的首席架构师 Yossi Gottlieb 和高级软件架构师 Oran Arga 接替 Salvatore Sanfilippo 的工作让 Redis 继续前进。

Redis 的代码托管在 GitHub 上，开发十分活跃。截至本书出版，Redis 的最新稳定版本为发布于 2020 年的 Redis 6。本书的内容也是基于此版本编写的。

> **小背景**　2009 年 2 月 25 日，有人在 Hacker News 上发布了一个帖子（如图 1-1 所示），内容就是 "Redis" 这五个字母，还有到当时 Redis 的托管商 Google Code 的链接。Redis 的作者在这个贴子下面发表回复："Redis（与其他竞品相比）的一个重要目标就是让键值能够支持更多高级复杂的数据类型。" 实际上一直到十几年后的今天，Redis 仍然在朝着这个方向努力。
>
>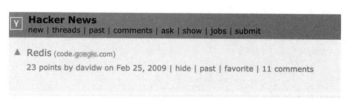
>
> 图 1-1　Redis 官网提供了详细的命令文档

1.2　特性

作为一款最初由个人开发的系统，Redis 究竟有什么魅力经久不衰，吸引了如此多的用户呢？

1.2.1　存储结构

有脚本语言编程经验的读者对字典（或称映射、关联数组）数据结构一定很熟悉，如代码 dict["key"] = "value"中 dict 是一个字典变量，字符串"key"是键名，而"value"是键值，在字典中我们可以获取或设置键名对应的键值，也可以删除一个键。

Redis 是 REmote DIctionary Server（远程字典服务器）的缩写，它以字典存储数据，并允许其他应用通过 TCP 读写字典中的内容。同大多数脚本语言中的字典一样，Redis 字典中的键值除了可以是字符串，还可以是其他数据类型。到目前为止，Redis 支持的键值数据类型如下：

- 字符串类型（其扩展类型还包括 HyperLogLog 类型）；
- 哈希类型；
- 列表类型；
- 集合类型；
- 有序集合类型；
- 流类型。

这种字典形式的存储结构与常见的 MySQL 等关系数据库的二维表形式的存储结构有很大的差异。举个例子，如下所示，我们在程序中使用 post 变量存储了一篇文章的数据（包括标题、正文、阅读量和标签）：

```
post["title"]  =  "Hello World!"
post["content"] = "Blablabla..."
post["views"] = 0
post["tags"] = ["PHP", "Ruby", "Node.js"]
```

现在我们希望将这篇文章的数据存储在数据库中，并且要求可以通过标签检索出文章。如果使用关系数据库存储，一般会将其中的标题、正文和阅读量存储在一个表中，而将标签存储在另一个表中，然后使用第三个表连接文章和标签表[①]。需要查询时还得将 3 个表进行连接，不是很直观。而 Redis 字典结构的存储方式和对多种键值数据类型的支持使得开发者可以将程序中的数据直接映射到 Redis 中，数据在 Redis 中的存储形式和其在程序中的存储方式非常相近。使用 Redis 的另一个优势是其对不同的数据类型提供了非常方便的操作方式，如使用集合类型存储文章标签，对标签进行如交、并这样的集合运算操作。3.5 节会专门介绍如何借助集合运算轻松地实现"找出所有同时属于 A 标签和 B 标签且不属于 C 标签的元素"这样用关系数据库实现起来性能不高且较为烦琐的操作。

1.2.2　内存存储与持久化

Redis 数据库中的所有数据都存储在内存中。由于内存的读写速度远快于硬盘，因此 Redis 在性能上对比其他基于硬盘存储的数据库有非常明显的优势，在一台普通的笔记本计算机上，Redis 可以在一秒内读写超过 10 万个键值。

将数据存储在内存中也有问题，例如程序退出后内存中的数据会丢失。不过 Redis 提供了对持久化的支持，即可以将内存中的数据异步写入硬盘中，同时不影响继续提供服务。

---

① 这是一种符合第三范式的设计。事实上，还可以使用其他方式来实现标签系统。

1.2.3 功能丰富

Redis 虽然是作为数据库开发的，但由于其提供了丰富的功能，越来越多的人将其用作缓存、队列系统等。Redis 可谓是名副其实的多面手。

Redis 可以为每个键设置生存时间（Time To Live，TTL），生存时间到期后键会自动被删除。这一功能配合出色的性能让 Redis 可以作为缓存系统来使用，而且 Redis 支持持久化和丰富的数据类型的特性使其成为另一个非常流行的缓存系统 Memcached 的有力竞争者。

> **讨论** 关于 Redis 和 Memcached 优劣的讨论一直是一个热门的话题。在性能上 Redis 是单线程模型，而 Memcached 支持多线程，所以在多核服务器上后者的性能理论上相对更高一些。然而，前面已经介绍过，Redis 的性能已经足够优异，在绝大部分场景中其性能不会成为瓶颈，所以在使用时更应该关心的是二者在功能上的区别。Redis 3.0 的推出标志着 Memcached 的几乎所有功能已成为 Redis 的子集。同时，Redis 对集群的支持使得 Memcached 原有的第三方集群工具不再成为优势。因此，在新项目中使用 Redis 而不是 Memcached 将会是更好的选择。

作为缓存系统，Redis 还可以限定数据占用的最大内存空间，在数据达到空间限制后可以按照一定的规则自动淘汰不需要的键。

除此之外，Redis 的列表类型键可以用来实现队列系统，并且支持阻塞式读取，可以很容易地实现一个高性能的优先级队列。同时在更高层面上，Redis 还支持"发布/订阅"的消息模式，可以基于此构建聊天室[①]等系统。

更有趣的是，Redis 从 4.0 版本开始提供对模块（module）的支持。借助模块，用户可以高性能地基于 Redis 本身的核心能力扩展出更广泛的用途。以下是一些常见的模块：

（1）RediSearch 模块提供了全文搜索功能；

（2）RedisGraph 模块可以把 Redis 变成一个图数据库；

（3）RedisJSON 为 Redis 增加了 JSON 数据类型；

（4）rediSQL 可以让 Redis 运行 SQL 语句。

1.2.4 简单稳定

即使功能再丰富，如果使用起来太复杂也很难吸引人。Redis 直观的存储结构使得通过程序与 Redis 交互十分简单。在 Redis 中使用命令来读写数据，命令之于 Redis 就相当于

---

① Redis 的贡献者之一 Pieter Noordhuis 提供了一个使用该模式开发的聊天室的例子。

SQL 语言之于关系数据库。例如在关系数据库中要获取 posts 表内 id 为 1 的记录的 title 字段的值，可以使用如下 SQL 语句实现：

```
SELECT title FROM posts WHERE id = 1 LIMIT 1
```

相应地，在 Redis 中要读取键名为 post:1 的哈希类型键的 title 字段的值，可以使用如下命令实现：

```
HGET post:1 title
```

其中，HGET 就是一条命令。Redis 提供了 200 多条命令（如图 1-2 所示），听起来很多，但是由于使用场景不同，每个使用场景中需要用到的命令不会很多，而且每条命令都很容易记忆。读完第 3 章你就会发现 Redis 的命令比 SQL 语言要简单很多。

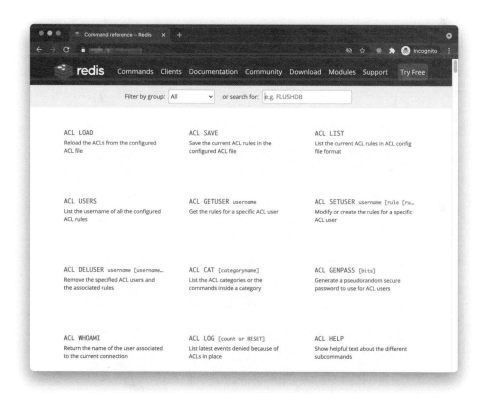

图 1-2　Redis 官网提供了详细的命令文档

Redis 提供了几十种不同编程语言的客户端库，这些库都很好地封装了 Redis 的命令，使得在程序中与 Redis 进行交互变得更容易。有些库还提供了可以将编程语言中的数据类型直接以相应的形式存储到 Redis 中（如将数组以列表类型直接存入 Redis）的简单方法，使用起来非常方便。

Redis 使用 C 语言开发，代码量只有几万行。这降低了用户通过修改 Redis 源代码来使之更适合自己的项目所需要的门槛。对于希望"榨干"数据库性能的开发者，这无疑具有强大的吸引力。

Redis 是开源的，所以事实上 Redis 的开发者并非只有 Salvatore Sanfilippo。截至目前，有数百名开发者为 Redis 贡献了代码。良好的开发氛围和严谨的版本发布机制使得 Redis 的稳定版本非常可靠，如此多的公司在项目中使用 Redis 也可以印证这一点。

第 2 章

准备

> "纸上得来终觉浅，绝知此事要躬行。"
>
> ——陆游《冬夜读书示子聿》

学习 Redis 最好的办法就是动手尝试它。在介绍 Redis 的核心内容之前，本章先来介绍一下如何安装和运行 Redis，以及 Redis 的基础知识，使读者可以在之后的章节中一边学习一边实践。

2.1 安装 Redis

安装 Redis 是开始 Redis 学习之旅的第一步。在安装 Redis 前需要了解 Redis 的版本规则，以选择最适合自己的版本，Redis 约定次版本号（即第一个小数点后的数字）为偶数的版本是稳定版（如 5.0 版、6.2 版），为奇数的版本是非稳定版（如 5.3 版、6.1 版），生产环境下一般需要使用稳定版本。本书的内容基于 6.0 版编写，同时绝大部分内容也适用于以前的版本。对于部分只在最新版才有的特性，本书会做特别说明。

2.1.1 在 POSIX 中安装

Redis 兼容大部分 POSIX 操作系统，包括 Linux、macOS 和 BSD 等，在这些操作系统中，可以直接下载 Redis 源代码并进行编译安装，以获得最新的稳定版本。Redis 最新稳定版本的源代码可以从 Redis 官方网站下载。

下载安装包后解压即可使用 make 命令完成编译，完整的命令如下：

```
wget http://download.redis.io/redis-stable.tar.gz
tar xzf redis stable.tar.gz
cd redis-stable
make
```

Redis 没有其他外部依赖，安装过程很简单。编译后在 Redis 源代码目录的 src 文件夹中可以找到若干可执行程序，最好在编译后直接执行 make install 命令来将这些可执行程序复制到/usr/local/bin 目录中，以便以后执行程序时可以不用输入完整的路径。

在实际运行 Redis 前，推荐使用 make test 命令测试 Redis 是否编译正确，尤其是在编译一个不稳定版本的 Redis 时。

> **提示** 除了手动编译，还可以使用操作系统中的软件包管理器来安装 Redis，但目前大多数软件包管理器中的 Redis 的版本都比较古老。考虑到 Redis 的每次升级都提供了对以往版本的问题修复和性能提升，使用最新版本的 Redis 往往可以提供更加稳定的体验。如果希望享受包管理器带来的便利，在安装前请确认您使用的软件包管理器中 Redis 的版本并了解该版本与最新版之间的差异。Redis 官网的 "Problems with Redis? This is a good starting point." 中列举了一些在以往版本中存在的已知问题。
>
> 另外，Ubuntu 用户可以使用官方提供的仓库 redislabs/redis 来方便地安装最新的稳定版本：
>
> ```
> sudo add-apt-repository ppa:redislabs/redis
> sudo apt-get update
> sudo apt-get install redis
> ```

2.1.2 在 macOS 中安装

macOS 下的软件包管理工具 Homebrew 提供了较新版本的 Redis 包，所以我们可以直接使用它们来安装 Redis，省去了像其他 POSIX 操作系统那样需要手动编译的麻烦。下面以使用 Homebrew 安装 Redis 为例。

1. 安装 Homebrew

在终端输入如下命令即可安装 Homebrew：

```
/bin/bash -c "$(curl -fsSL https://raw.githubusercontent.com/Homebrew/install/HEAD/install.sh)"
```

也可以参照 Homebrew 的官方网站获取其他的安装方式。如果之前安装过 Homebrew，请执行 brew update 来更新 Homebrew，以便安装较新版的 Redis。

2. 通过 Homebrew 安装 Redis

使用 `brew install` 软件包名可以安装相应的包，此处执行 `brew install redis` 来安装 Redis：

```
$ brew install redis
==> Downloading https://*****redis-6.0.9.big_sur.bottle.tar.gz
==> Downloading from https://*****redis-6.0.9.big_sur.bottle.tar
################################################################## 100.0%
==> Reinstalling redis
==> Pouring redis-6.0.9.big_sur.bottle.tar.gz
==> Caveats
To have launchd start redis now and restart at login:
  brew services start redis
Or, if you don't want/need a background service you can just run:
  redis-server /usr/local/etc/redis.conf
==> Summary
  /usr/local/Cellar/redis/6.0.9: 13 files, 3.9MB
```

在安装结果中，Homebrew 贴心地提示了如何启动 Redis 并让其随操作系统自动运行：

```
brew services start redis
```

以此方式运行的 Redis 会加载位于/usr/local/etc/redis.conf 的配置文件，关于配置文件的内容会在 2.4 节中介绍。

2.1.3 在 Windows 中安装

Redis 官方不支持 Windows。有趣的是，微软[1]早在 2011 年向 Redis 提交了一个补丁，以使 Redis 可以在 Windows 下编译运行，但被 Salvatore Sanfilippo 拒绝了，原因是 Linux 在服务器领域中已经得到了广泛的使用，这让 Redis 能在 Windows 下运行相比而言显得不那么重要。并且 Redis 使用了如写时复制等很多操作系统相关的特性，要使这些特性兼容 Windows 会耗费太多的精力而影响 Redis 其他功能的开发。尽管如此，微软还是发布了一个可以在 Windows 运行的 Redis 分支[2]，不过目前已经停止维护。

如果想使用 Windows 学习或测试，目前有如下一些方法。

（1）在 Windows 中安装虚拟机（如 VirtualBox），并在其中的 Linux 操作系统安装 Redis。

（2）类似于方法（1），可以直接使用 Docker 来安装和运行 Redis。

（3）Windows 10 提供了适用于 Linux 的 Windows 子系统（Windows Subsystem for Linux，WSL），可以在其上安装 Redis。

---

[1] 微软开放技术有限公司（Microsoft Open Technologies Inc.）专注于参与开源项目、开放标准工作组以及提出倡议。

[2] 可在 GitHub 官网搜索 "microsoftarchive/redis" 获取。

（4）使用 Memurai。Memurai 是一个第三方开发商维护的专门运行于 Windows 的 Redis 版本。这个开发商在 2013 年时就开始参与前文提到的微软维护的分支的开发，后来独立出 Memurai。Memurai 是商业软件，以开发为目的使用是免费的，但是如果用于生产环境则需要付费。

这里以方法（3）为例，简要介绍一下安装方法。

（1）参照微软官方文档①，启用 WSL。

（2）在 Microsoft Store 中安装一个支持的 Linux 发行版，考虑到前文提到的 Redis 官方提供了 Ubuntu 的官方仓库，Ubuntu 是一个比较好的选择。

（3）接下来的步骤可以参照 2.1.1 节，这里不再赘述。

> **注意** Redis 官方并没有针对 Windows 提供第一方的支持，所以本节提到的前 3 种方法只适合在开发环境中运行和使用 Redis。运行 Redis 的最佳操作系统仍然是 Linux 和 macOS，官方推荐的生产操作系统是 Linux。

2.2 启动和停止 Redis

安装完 Redis 后的下一步就是启动它，本节将分别介绍在开发环境和生产环境中启动 Redis 的方法以及正确停止 Redis 的步骤。

在这之前首先需要了解 Redis 包含哪些可执行文件，表 2-1 中列出了这些文件名以及对应的说明。如果在编译后执行了 `make install` 命令，这些文件会被复制到/usr/local/bin 目录下，所以在命令行中直接输入文件名即可执行。

表 2-1　Redis 可执行文件及说明

文 件 名	说 明
redis-server	Redis 服务器
redis-cli	Redis 命令行客户端
redis-benchmark	Redis 性能测试工具
redis-check-aof	AOF 文件修复工具
redis-check-rdb	RDB 文件检查工具
redis-sentinel	Sentinel 服务器（仅在 2.8 版以后）

我们最常使用的两个文件是 redis-server 和 redis-cli，其中 redis-server 是 Redis 的服务器，启动 Redis 即执行 redis-server；而 redis-cli 是 Redis 自带的 Redis 命令行客户端，是学

---

① 适用于 Windows 10 的文档为 *Windows Subsystem for Linus Installation Guide for Windows 10*。

习 Redis 的重要工具，在 2.3 节中会详细介绍它。

2.2.1　启动 Redis

启动 Redis 有直接启动和通过初始化脚本启动两种方式，分别适用于开发环境和生产环境。

1. 直接启动

直接执行 redis-server 即可启动 Redis，十分简单：

```
$ redis-server
823:C # oO0OoO00oO00Oo Redis is starting oO0OoO00oO00Oo
823:C # Redis version=6.2.1, bits=64, commit=00000000, modified=0, pid=823, just started
823:M * Increased maximum number of open files to 10032 (it was originally set to 256).
823:M * monotonic clock: POSIX clock_gettime
...
823:M # Server initialized
823:M * Ready to accept connections
```

Redis 服务器默认使用 6379 号端口，通过--port 参数可以自定义端口号：

```
$ redis-server --port 6380
```

2. 通过初始化脚本启动

在 Linux 操作系统中可以通过初始化脚本启动 Redis，使 Redis 能随操作系统自动运行，在生产环境中推荐使用此方法启动 Redis，这里以 Ubuntu 和 Debian 发行版为例进行介绍。在 Redis 源代码目录的 utils 文件夹中有一个名为 redis_init_script 的初始化脚本文件，其内容如下：

```
#!/bin/sh
#
# Simple Redis init.d script conceived to work on Linux systems
# as it does use of the /proc filesystem.

REDISPORT=6379
EXEC=/usr/local/bin/redis-server
CLIEXEC=/usr/local/bin/redis-cli

PIDFILE=/var/run/redis_${REDISPORT}.pid
CONF="/etc/redis/${REDISPORT}.conf"

case "$1" in
    start)
        if [ -f $PIDFILE ]
        then
                echo "$PIDFILE exists, process is already running or crashed"
        else
                echo "Starting Redis server..."
```

```
            $EXEC $CONF
        fi
        ;;
    stop)
        if [ ! -f $PIDFILE ]
        then
            echo "$PIDFILE does not exist, process is not running"
        else
            PID=$(cat $PIDFILE)
            echo "Stopping ..."
            $CLIEXEC -p $REDISPORT shutdown
            while [ -x /proc/${PID} ]
            do
                echo "Waiting for Redis to shutdown ..."
                sleep 1
            done
            echo "Redis stopped"
        fi
        ;;
    *)
        echo "Please use start or stop as first argument"
        ;;
esac
```

我们需要配置 Redis 的运行方式和持久化文件、日志文件的存储位置等，具体步骤如下。

（1）配置初始化脚本。首先将初始化脚本复制到/etc/init.d 目录下，文件名为 redis_
端口号，其中端口号表示要让 Redis 监听的端口号，客户端通过该端口连接 Redis。然后修
改脚本第 6 行的 REDISPORT 变量的值为同样的端口号。

（2）建立需要的文件夹。建立表 2-2 中列出的目录。

表 2-2　需要建立的目录及说明

目 录 名	说 明
/var/redis/端口号	存放 Redis 的持久化文件
/etc/redis	存放 Redis 的配置文件

（3）修改配置文件。首先将配置文件模板（见 2.4 节）复制到/etc/redis 目录下，以端
口号命名（如“6379.conf”），然后按照表 2-3 对其中的部分参数进行编辑。

表 2-3　需要修改的配置及说明

参 数	值	说 明
daemonize	yes	使 Redis 以守护进程模式运行
pidfile	/var/run/redis_端口号.pid	设置 Redis 的 PID 文件位置
port	端口号	设置 Redis 监听的端口号
dir	/var/redis/端口号	设置持久化文件存放位置

现在就可以使用/etc/init.d/redis_端口号 start 来启动 Redis 了，而后需要执行下面的命令使 Redis 随操作系统自动启动：

```
$ sudo update-rc.d redis_端口号 defaults
```

2.2.2　停止 Redis

考虑到 Redis 有可能正在将内存中的数据同步到硬盘中，强行终止 Redis 进程可能会导致数据丢失。正确停止 Redis 的方式应该是向 Redis 发送 SHUTDOWN 命令，方法为：

```
$ redis-cli SHUTDOWN
```

当 Redis 接收到 SHUTDOWN 命令后，会先断开所有客户端连接，然后根据配置执行持久化，最后完成退出。

Redis 可以妥善处理 SIGTERM 信号，所以使用 kill *Redis* 进程的 *PID* 也可以正常停止 Redis，效果与发送 SHUTDOWN 命令一样。

2.3　Redis 命令行客户端

还记得我们刚才编译出的 redis-cli 文件吗？redis-cli（Redis Command Line Interface）是 Redis 自带的基于命令行的 Redis 客户端，也是我们学习和测试 Redis 的重要工具，本书后面会使用它来讲解 Redis 各种命令的用法。

本节将会介绍如何通过 redis-cli 向 Redis 发送命令，并且对 Redis 命令返回值的不同类型进行简单介绍。

2.3.1　发送命令

通过 redis-cli 向 Redis 发送命令有两种方式，第一种方式是将命令作为 redis-cli 的参数执行，例如在 2.2.2 节中用过的 redis-cli SHUTDOWN。redis-cli 执行时会自动按照默认配置（服务器 IP 地址为 127.0.0.1，端口号为 6379）连接 Redis，通过参数-h 和-p 可以分别自定义 IP 地址和端口号：

```
$ redis-cli -h 127.0.0.1 -p 6379
```

Redis 提供了 PING 命令来测试客户端与 Redis 的连接是否正常，如果连接正常会收到回复 PONG，例如：

```
$ redis-cli PING
PONG
```

第二种方式是不附带参数执行 redis-cli，这样会进入交互模式，可以自由输入命令，例如：

```
$ redis-cli
redis 127.0.0.1:6379> PING
PONG
redis 127.0.0.1:6379> ECHO hi
"hi"
```

这种方式在要输入多条命令时比较方便，也是本书中主要采用的方式。为简便起见，后文中我们将用 redis>表示 redis 127.0.0.1:6379>。

2.3.2 命令返回值

在大多数情况下，执行一条命令后我们往往会关心命令的返回值，如 1.2.4 节中的 HGET 命令的返回值就是我们需要的指定键的 title 字段的值。命令的返回值有 5 种类型，对于每种类型，redis-cli 的展现结果都不同，下面分别说明。

1. 状态回复

状态回复（status reply）是最简单的一种回复，例如，向 Redis 发送 SET 命令设置某个键的值时，Redis 会回复状态 OK 表示设置成功。另外，之前演示的对 PING 命令的回复 PONG 也是状态回复。状态回复直接显示状态信息，如：

```
redis> PING
PONG
```

2. 错误回复

当出现命令不存在或命令格式有错误等情况时，Redis 会返回错误回复（error reply）。错误回复以(error)开头，并在后面跟上错误消息。如执行一条不存在的命令：

```
redis> ERRORCOMMAND
(error) ERR unknown command 'ERRORCOMMAND'
```

在最早的版本中，所有的错误消息都是以 "ERR" 开头的，而在 2.8 版以后，部分错误消息会以具体的错误类型开头，如：

```
redis> LPUSH key 1
(integer) 1
redis> GET key
(error) WRONGTYPE Operation against a key holding the wrong kind of value
```

这里错误消息开头的 WRONGTYPE 就表示类型错误，这个改进使得在调试时能更容易地知道遇到的是哪种类型的错误。

3. 整数回复

Redis 虽然没有整数类型，但是提供了一些用于整数操作的命令，如递增键值的 INCR 命令会以整数形式返回递增后的键值。除此之外，其他一些命令也会返回整数，如可以获取当前数据库中键的数量的 DBSIZE 命令等。整数回复（integer reply）以 (integer) 开头，并在后面跟上整数数据：

```
redis> INCR foo
(integer) 1
```

4. 字符串回复

字符串回复（bulk reply）是最常见的一种回复类型，当请求一个字符串类型键的键值或一个其他类型键中的某个元素时，就会得到一个字符串回复。字符串回复以双引号包裹：

```
redis> GET foo
"1"
```

特殊情况是当请求的键值不存在时得到的结果为空，显示为 (nil)。如：

```
redis> GET noexists
(nil)
```

5. 多行字符串回复

多行字符串回复（multi-bulk reply）同样很常见，如当请求一个非字符串类型键的元素列表时，就会收到多行字符串回复。多行字符串回复中的每行字符串都以一个序号开头，如：

```
redis> KEYS *
1) "bar"
2) "foo"
```

> **提示** KEYS 命令的作用是获取数据库中符合指定规则的键名，由于读者的 Redis 中还没有存储数据，因此得到的返回值应该是 (empty list or set)。3.1 节会具体介绍 KEYS 命令，此处读者只需了解多行字符串回复的格式。

2.4 配置

在 2.2.1 节中，我们通过 redis-server 的启动参数 port 设置了 Redis 的端口号，除此之外，Redis 还支持其他配置选项，如是否开启持久化、日志级别等。由于可以配置的选项较多，通过启动参数设置这些选项并不方便，因此 Redis 支持通过配置文件来设置这些选项。

启用配置文件的方法是在启动时将配置文件的路径作为启动参数传递给 redis-server，如：

```
$ redis-server /path/to/redis.conf
```

通过启动参数传递同名的配置选项会覆盖配置文件中相应的参数，就像这样：

```
$ redis-server /path/to/redis.conf --loglevel warning
```

Redis 提供了一个配置文件的模板文件 redis.conf，位于源代码目录的根目录下。

除此之外，还可以在 Redis 运行时通过 CONFIG SET 命令在不重新启动 Redis 的情况下动态修改部分 Redis 配置。就像这样：

```
redis> CONFIG SET loglevel warning
OK
```

并不是所有的配置都可以使用 CONFIG SET 命令修改，附录 B 列出了哪些配置能够使用该命令修改。同样，在执行的时候也可以使用 CONFIG GET 命令获得 Redis 当前的配置情况，如：

```
redis> CONFIG GET loglevel
1) "loglevel"
2) "warning"
```

其中，第一行字符串回复表示的是选项名，第二行是选项值。

2.5　多数据库

第 1 章介绍过 Redis 是一个字典结构的存储服务器，而实际上一个 Redis 实例提供了多个用来存储数据的字典，客户端可以指定将数据存储在哪个字典中。这与我们熟知的在一个关系数据库实例中可以创建多个数据库类似，所以可以将其中的每个字典都理解成一个独立的数据库。

每个数据库对外都以一个从 0 开始的递增数字命名，Redis 默认支持 16 个数据库，可以通过配置参数 databases 来修改这一数字。客户端与 Redis 建立连接后会自动选择 0 号数据库，不过可以随时使用 SELECT 命令更换数据库，如选择 1 号数据库：

```
redis> SELECT 1
OK
redis [1]> GET foo
(nil)
```

然而，这些以数字命名的数据库又与我们理解的数据库有所区别。首先，Redis 不支持自定义数据库的名字，每个数据库都以编号命名，开发者必须自己记录哪些数据库存储了哪些数据。其次，Redis 不支持为每个数据库设置不同的访问密码，所以一个客户端要么可以访问全部数据库，要么不能访问任何数据库。最后也是最重要的一点是，多个数据库之间并不是完全隔离的，例如 FLUSHALL 命令可以清空一个 Redis 实例中的所有数据库中的数据。综上所述，这些数据库更像一种命名空间，而不适宜存储不同应用的数据。例如可以使用 0 号数据库存储某个应用的生产环境中的数据，使用 1 号数据库存储该应用的测试环境中的数据，但不适宜使用 0 号数据库存储 A 应用的数据而使用 1 号数据库存储 B 应用的数据，不同的应用应该使用不同的 Redis 实例存储数据。由于 Redis 非常轻量级，一个空 Redis 实例占用的内存只有 1 MB 左右，因此不用担心多个 Redis 实例会占用很多内存。

第 3 章

入门

学会如何安装和运行 Redis，并了解 Redis 的基础知识后，本章将详细介绍 Redis 的 6 种主要数据类型及相应的命令，带领读者真正进入 Redis 世界。在学习的时候，打开一个 redis-cli 程序来跟着一起输入命令将会极大提高学习效率，尽管目前多数公司和团队的 Redis 的应用以缓存和队列为主。

在之后的章节中，读者会遇到两个学习伙伴：小白和宋老师。小白是一个标准的极客，最近刚开始他的 Redis 学习之旅，而他大学时的计算机老师宋老师恰好对 Redis 颇有研究，于是顺理成章地成为小白的私人 Redis 教师。这不，小白想基于 Redis 开发一个博客系统，于是找到宋老师，向他请教。在本章中宋老师会向小白介绍 Redis 的核心内容——数据类型，从他们的对话中你一定能学到不少知识！

3.2 节～3.7 节这 6 节将分别介绍 Redis 的 6 种数据类型，其中每节都由 4 个部分组成，依次是"介绍""命令""实践"和"命令拾遗"。"介绍"部分是对数据类型的概述，"命令"部分会对"实践"部分将用到的命令进行介绍，"实践"部分会讲解该数据类型在开发中的应用方法，"命令拾遗"部分会对该数据类型的其他比较有用的命令进行补充介绍。

3.1 热身

在介绍 Redis 的数据类型之前，我们先来了解几个比较基础的命令作为热身，赶快打开 redis-cli，跟着样例亲自输入命令来体验一下吧！

1. 获取符合规则的键名列表

```
KEYS pattern
```

pattern 支持 glob 风格通配符格式，具体规则如表 3-1 所示。

表 3-1　glob 风格通配符规则

符　号	含　义
?	匹配一个字符
*	匹配任意个（包括 0 个）字符
[]	匹配括号间的任一字符，可以使用-符号表示一个范围，如 a[b-d]可以匹配 "ab" "ac" 和 "ad"
\x	匹配字符 x，用于转义符号。如要匹配 "?" 就需要使用\?

现在 Redis 中空空如也（如果你从第 2 章开始就一直跟着本书的进度输入命令，此时数据库中可能还会有一个 foo 键），为了演示 KEYS 命令，首先我们得给 Redis 加点料。使用 SET 命令（会在 3.2 节介绍）建立一个名为 bar 的键：

```
redis> SET bar 1
OK
```

然后使用 KEYS *就能获得 Redis 中的所有键了（当然由于数据库中只有一个 bar 键，因此 KEYS ba*或者 KEYS bar 等命令都能获得同样的结果）：

```
redis> KEYS *
1) "bar"
```

> **注意**　KEYS 命令需要遍历 Redis 中的所有键，当键的数量较多时会影响性能，不建议在生产环境中使用。

> **提示**　Redis 不区分命令大小写，本书中会使用大写字母表示 Redis 命令。读者可以根据自己的习惯调整。

2. 判断一个键是否存在

```
EXISTS key
```

如果键存在则返回整数类型 1，否则返回 0。例如：

```
redis> EXISTS bar
(integer) 1
redis> EXISTS noexists
(integer) 0
```

3. 删除键

```
DEL key [key ...]
```

可以删除一个或多个键，返回值是删除的键的个数。例如：

```
redis> DEL bar
(integer) 1
redis> DEL bar
(integer) 0
```

第二次执行 DEL 命令时，因为 bar 键已经被删除了，实际上并没有删除任何键，所以返回 0。

> **技巧** DEL 命令的参数不支持通配符，但我们可以结合 Linux 的管道和 xargs 命令自己实现删除所有符合规则的键。例如要删除所有以 "user:" 开头的键，就可以执行 redis-cli KEYS "user:*" | xargs redis-cli DEL。另外，由于 DEL 命令支持多个键作为参数，因此还可以执行 redis-cli DEL `redis-cli KEYS "user:*"` 来达到同样的效果，而且性能更好。

4. 获取键值的数据类型

```
TYPE key
```

TYPE 命令用来获取键值的数据类型，返回值可能是字符串类型（string）、哈希类型（hash）、列表类型（list）、集合类型（set）、有序集合类型（zset）或流类型（stream）。例如：

```
redis> SET foo 1
OK
redis> TYPE foo
string
redis> LPUSH① bar 1
(integer) 1
redis> TYPE bar
list
```

3.2 字符串类型

作为一个爱造轮子的资深极客，小白每次看到自己博客最下面的 "Powered by WordPress"②都觉得有些不舒服，终于有一天他下定决心要开发一个属于自己的博客系统。但是用腻了 MySQL 数据库的小白总想尝试一下新技术，恰好上次参加 Node Party 时听人

---

① LPUSH 命令的作用是向指定的列表类型键中增加一个元素，如果键不存在则创建它，3.4 节会详细介绍。
② 即 "由 WordPress 驱动"。WordPress 是一个开源的博客程序，用户可以借其通过简单的配置搭建一个博客或内容管理系统。

介绍过 Redis 数据库，便想趁机试一试。可小白只知道 Redis 是一个键值对数据库，其他的一概不知。抱着试一试的态度，小白找到了自己大学时教计算机课程的宋老师，一问之下欣喜地发现宋老师竟然对 Redis 颇有研究。宋老师有感于小白的好学，决定给小白开个小灶。

小白：

宋老师您好，我最近听别人介绍过 Redis，当时就对它很感兴趣。恰好最近想开发一个博客系统，准备尝试一下它。有什么能快速学会Redis 的方法吗？

宋老师笑着说：

心急吃不了热豆腐，要学会 Redis 就要先掌握 Redis 的键值数据类型和相关的命令，这些内容是 Redis 的基础。为了让你更全面地了解 Redis 的每种数据类型，接下来我会先讲解如何将 Redis 作为数据库使用，但是实际上 Redis 可不只是数据库这么简单，更多的公司和团队将 Redis 用作缓存和队列系统，而这部分内容等你掌握了 Redis 的基础后我会再进行介绍。作为开始，我先来讲讲Redis 中最基本的数据类型 —— 字符串类型。

3.2.1 介绍

字符串类型（`string`）是 Redis 中最基本的数据类型，它能存储任何形式的字符串，包括二进制数据。你可以用字符串类型存储用户的邮箱、JSON 序列化的对象甚至是一张图片。一个字符串类型键允许存储的数据的最大容量是 512 MB[1]。

字符串类型是其他 5 种数据类型的基础，其他数据类型和字符串类型的差别从某种角度来说只是组织字符串的形式不同。例如，列表类型是以列表的形式组织字符串，而集合类型是以集合的形式组织字符串。学习过本章后面几节后相信读者对此会有更深的理解。

3.2.2 命令

1. 赋值与取值

```
SET key value
```

```
GET key
```

SET 和 GET 是 Redis 中最简单的两条命令，它们实现的功能和编程语言中的读写变量相似，如 key = "hello"在 Redis 中是这样表示的：

---

[1] Redis 的作者考虑过让字符串类型键支持超过 512 MB 大小的数据，未来的版本也可能会放宽这一限制，但无论如何，考虑到 Redis 的数据是使用内存存储的，512 MB 的限制已经非常宽松了。

```
redis> SET key hello
OK
```

想要读取键值则更简单：

```
redis> GET key
"hello"
```

当键不存在时返回结果为空。

为了节省篇幅，同时避免读者过早地被编程语言的细节困扰，本书大部分章节将只使用 redis-cli 进行命令演示（必要的时候会配合伪代码），第 5 章会专门介绍在各种编程语言（PHP、Python、Ruby 和 Node.js）中使用 Redis 的方法。

不过，为了能让读者提前对 Redis 命令在实际开发中的用法有一个直观的体会，这里会先使用 Node.js 实现一个 SET/GET 命令的示例网页：用户访问示例网页时，程序会通过 GET 命令判断 Redis 中是否存储了用户的姓名，如果是则直接将姓名显示出来（如图 3-1 所示），如果否则会提示用户填写（如图 3-2 所示），用户点击"提交"按钮后程序会使用 SET 命令将用户的姓名存入 Redis 中。

图 3-1　设置过姓名时的页面

图 3-2　没有设置过姓名时的页面

代码如下：

```
const http = require("http");
const url = require("url");
const querystring = require("querystring");

// 连接 Redis
const Redis = require("ioredis");
const redis = new Redis({ host: "127.0.0.1", port: 6379 });

const server = http.createServer(async (req, res) => {
  const query = querystring.parse(url.parse(req.url).query);
```

```
    if (query.name) {
      // 如果提交了姓名则使用 SET 命令将姓名写入 Redis 中
      await redis.set("name", query.name);
    }

    // 通过 GET 命令从 Redis 中读取姓名
    const name = await redis.get("name");

    res.statusCode = 200;
    res.setHeader("Content-Type", "text/html");
    res.end(`
<!doctype html>
<html>
  <head>
    <meta charset="utf-8" />
    <title>我的第一个 Redis 程序</title>
  </head>
  <body>
    ${name ? `<p>您的姓名是：${name}</p>` : "<p>您还没有设置姓名。</p>"}
    <hr />
    <h1>更改姓名</h1>
    <form>
      <div>
        <label for="name">您的姓名：</label>
        <input type="text" name="name" id="name" />
      </div>
      <div>
        <button type="submit">提交</button>
      </div>
    </form>
  </body>
</html>
    `);
});

server.listen(3000, () => {
  console.log(`Server running at http://127.0.0.1:3000/`);
});
```

在这个例子中，我们使用 Node.js 的 Redis 客户端库 ioredis 与 Redis 通信。5.4 节会专门介绍 ioredis，有兴趣的读者可以先跳到 5.4 节查看 ioredis 的安装方法，再实际运行这个例子。

Redis 的其他命令也可以使用 ioredis 通过同样的方式调用，如马上要介绍的 INCR 命令的调用方法是 redis.incr(键名)。

2. 递增数字

```
INCR key
```

前面说过字符串类型可以存储任何形式的字符串，当存储的字符串是整数形式时，

Redis 提供了一条实用的命令 INCR，其功能是使当前键值递增，并返回递增后的值，用法如下：

```
redis> INCR num
(integer) 1
redis> INCR num
(integer) 2
```

当要操作的键不存在时默认键值为 0，所以第一次递增后的结果是 1。当键值不是整数时，Redis 会提示错误：

```
redis> SET foo lorem
OK
redis> INCR foo
(error) ERR value is not an integer or out of range
```

有些读者会想到，可以借助 GET 和 SET 这两条命令自己实现 incr() 函数，伪代码如下：

```
def incr($key)
    $value = GET $key
    if not $value
        $value = 0
    $value = $value + 1
    SET $key, $value
    return $value
```

如果 Redis 同时只连接了一个客户端，那么上面的代码没有任何问题（其实还没有加入错误处理，不过这并不是此处讨论的重点）。但是当同时有多个客户端连接到 Redis 时则有可能出现竞态条件（race condition）[1]。例如有两个客户端 A 和 B 都要运行我们自己实现的 incr() 函数并准备将同一个键的键值递增，当它们恰好同时运行到代码第二行时，二者读取的键值是一样的，如 "5"，而后它们各自将该值递增到 "6" 并使用 SET 命令将值赋给原键，结果虽然对键执行了两次递增操作，最终的键值却是 "6"，而不是预想中的 "7"。包括 INCR 在内的所有 Redis 命令都是原子操作（atomic operation）[2]，无论有多少个客户端同时连接，都不会出现上述情况。之后我们还会介绍利用事务（4.1 节）和脚本（第 6 章）实现自定义的原子操作的方法。

3.2.3　实践

1.　文章访问量统计

博客系统的一个常见的功能是统计文章的访问量，我们可以为每篇文章使用一个名为

---

[1] 竞态条件是指一个系统或者进程的输出，依赖于不受控制的事件的出现顺序或者出现时机。

[2] 原子操作取 "原子" 的 "不可拆分" 的意思，原子操作是最小的执行单位，不会在执行的过程中被其他命令插入而打断。

post:文章 *ID*:page.view 的键来记录文章的访问量，每次访问文章的时候使用 INCR
命令使相应的键值递增。

> **提示**　Redis 对键的命名并没有强制的要求，但比较好的实践是用"对象类型:对象 ID:
> 对象属性"来命名一个键，如使用键 user:1:friends 来存储 ID 为 1 的用户的好友
> 列表。对于多个单词则推荐使用"."分隔，一方面是沿用以前的习惯（Redis 以前版本
> 的键名不能包含空格等特殊字符），另一方面是在 redis-cli 中容易输入，无须使用双引号
> 包裹。另外，为了日后维护方便，键的命名一定要有意义，如 u:1:f 的可读性显然不如
> user:1:friends 好（虽然采用较短的名称可以节省存储空间，但由于键值的长度往
> 往远大于键名的长度，因此节省这部分存储空间大多数情况下并不如可读性重要）。

2. 生成自增 ID

那么，怎么为每篇文章生成一个唯一 ID 呢？在关系数据库中我们通过设置字段属性
为 AUTO_INCREMENT 来实现每增加一条记录就自动为其生成一个唯一的递增 ID 的目的，
而在 Redis 中可以通过另一种模式来实现：对于每一类对象，使用名为对象类型（复数形
式）：count[①]的键（如 users:count）来存储当前类型对象的数量，每增加一个新对
象时都使用 INCR 命令递增该键的值。由于使用 INCR 命令建立的键的初始键值是 1，因
此可以很容易得知，INCR 命令的返回值既是加入该对象后当前类型的对象总数，又是该
新增对象的 ID。

3. 存储文章数据

每个字符串类型键只能存储一个字符串，而一篇博客文章是由标题、正文、作者与发
布时间等多个元素构成的，为了存储这些元素，我们需要使用序列化函数（如 PHP 中的
serialize 和 JavaScript 中的 JSON.stringify）将它们转换成一个字符串。除此之外
因为字符串类型键可以存储二进制数据，所以也可以使用 MessagePack[②]进行序列化，速度
更快，占用空间也更小。

至此，我们已经可以写出发布新文章时与 Redis 操作相关的伪代码了：

```
# 首先获得新文章的 ID
$postID = INCR posts:count
# 将博客文章的诸多元素序列化成字符串
$serializedPost = serialize($title, $content, $author, $time)
# 把序列化后的字符串存入一个字符串类型键中
SET post:$postID:data, $serializedPost
```

---

① 这个键名只是参考命名，实际应用中可以使用任何容易理解的名称。

② MessagePack 和 JSON 一样可以将对象序列化成字符串，但其性能更高，序列化后的结果占用空间更小，序列化后
的结果是二进制格式。要获得 MessagePack 的详细信息，请访问 MessagePack 官方网站。

获取文章数据的伪代码如下（以访问 ID 为 42 的文章为例）：

```
# 从 Redis 中读取文章数据
$serializedPost = GET post:42:data
# 将文章数据反序列化成文章的各个元素
$title, $content, $author, $time = unserialize($serializedPost)
# 获取并递增文章的访问数量
$count = INCR post:42:page.view
```

除了使用序列化函数将文章的多个元素存入一个字符串类型键中，还可以对每个元素使用一个字符串类型键来存储，这种方法会在 3.3.3 节讨论。

3.2.4　命令拾遗

1. 增加指定的整数

INCRBY *key increment*

INCRBY 命令与 INCR 命令基本一样，只不过前者可以通过 *increment* 参数指定单次递增的数值，如：

```
redis> INCRBY bar 2
(integer) 2
redis> INCRBY bar 3
(integer) 5
```

2. 减少指定的整数

DECR *key*

DECRBY *key decrement*

DECR 命令与 INCR 命令用法相同，只不过 DECR 是让键值递减，例如：

```
redis> DECR bar
(integer) 4
```

至于 DECRBY 命令的作用，想必读者已经猜到了，DECRBY key 5 相当于 INCRBY key -5。

3. 增加指定浮点数

INCRBYFLOAT *key increment*

INCRBYFLOAT 命令类似于 INCRBY 命令，差别是前者可以递增一个双精度浮点数，如：

```
redis> INCRBYFLOAT bar 2.7
"6.7"
```

```
redis> INCRBYFLOAT bar 5E+4
"50006.69999999999999929"
```

4. 向末尾追加值

APPEND *key value*

APPEND 命令的作用是向键值的末尾追加 *value*。如果键不存在，则将该键的值设置为 *value*，即相当于 SET *key value*。返回值是追加后字符串的总长度。如：

```
redis> SET key hello
OK
redis> APPEND key " world!"
(integer) 12
```

此时，key 的值是"hello world!"。APPEND 命令的第二个参数加了双引号，原因是该参数包含空格，在 redis-cli 中输入需要双引号以示区分。

5. 获取字符串长度

STRLEN *key*

STRLEN 命令返回键值的长度，如果键不存在则返回 0。例如：

```
redis> STRLEN key
(integer) 12
redis> SET key 你好
OK
redis> STRLEN key
(integer) 6
```

前面提到了字符串类型可以存储二进制数据，所以它可以存储任何编码的字符串。在上面的代码中，Redis 接收到的是使用 UTF-8 编码的中文，由于"你"和"好"两个字的 UTF-8 编码的长度都是 3，因此运行代码后会返回 6。

6. 同时获取/设置多个键值

MGET *key* [*key ...*]

MSET *key value* [*key value ...*]

MGET/MSET 与 GET/SET 相似，不过 MGET/MSET 可以同时获取/设置多个键的键值。例如：

```
redis> MSET key1 v1 key2 v2 key3 v3
OK
redis> GET key2
"v2"
redis> MGET key1 key3
1) "v1"
2) "v3"
```

7. 位操作

```
GETBIT key offset
```

```
SETBIT key offset value
```

```
BITCOUNT key [start] [end]
```

```
BITOP operation destkey key [key ...]
```

一个字节由 8 个二进制位组成，Redis 提供了 4 条可以直接对二进制位进行操作的命令。为了方便演示，我们首先将 foo 键赋值为 bar：

```
redis> SET foo bar
OK
```

bar 的 3 个字母 "b" "a" 和 "r" 对应的 ASCII 码分别为 98、97 和 114，转换成二进制后分别为 1100010、1100001 和 1110010，所以 foo 键中的二进制位存储结构如图 3-3 所示。

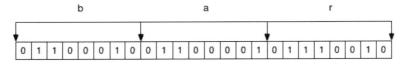

图 3-3　bar 的二进制位存储结构

GETBIT 命令可以获得一个字符串类型键指定位置的二进制位的值（0 或 1），索引从 0 开始：

```
redis> GETBIT foo 0
(integer) 0
redis> GETBIT foo 6
(integer) 1
```

如果需要获取的二进制位的索引超过了键值的二进制位的实际长度，则默认位值是 0：

```
redis> GETBIT foo 100000
(integer) 0
```

SETBIT 命令可以设置字符串类型键指定位置的二进制位的值，返回值是该位置的旧值。如我们要将 foo 键值设置为 aar，可以通过位操作将 foo 键的二进制位的索引第 6 位设为 0，第 7 位设为 1：

```
redis> SETBIT foo 6 0
(integer) 1
redis> SETBIT foo 7 1
(integer) 0
redis> GET foo
"aar"
```

如果要设置的位置超过了键值的二进制位的长度，SETBIT 命令会自动将中间的二进制位设置为 0。同理，要设置一个不存在的键的指定二进制位的值，SETBIT 命令会自动将该位置前面的位赋值为 0：

```
redis> SETBIT nofoo 10 1
(integer) 0
redis> GETBIT nofoo 5
(integer) 0
```

BITCOUNT 命令可以获得字符串类型键中值是 1 的二进制位的个数，例如：

```
redis> BITCOUNT foo
(integer) 10
```

可以通过参数来限制统计的字节范围，如我们只希望统计前两个字节（即"aa"）：

```
redis> BITCOUNT foo 0 1
(integer) 6
```

BITOP 命令可以对多个字符串类型键进行位运算，并将结果存储在 destkey 参数指定的键中。BITOP 命令支持的运算操作有 AND、OR、XOR 和 NOT。如我们可以对 bar 和 aar 进行 OR 运算：

```
redis> SET foo1 bar
OK
redis> SET foo2 aar
OK
redis> BITOP OR res foo1 foo2
(integer) 3
redis> GET res
"car"
```

运算过程如图 3-4 所示。

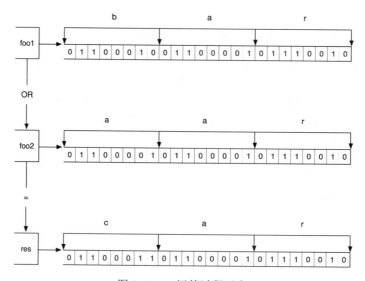

图 3-4　OR 运算过程示意

Redis 2.8.7 引入了 BITPOS 命令，可以获得指定键的第一个二进制位是 0 或者 1 的位置。还是以 "bar" 这个键值为例，如果想获取键值中的第一个二进制位为 1 的偏移量，则可以执行：

```
redis> SET foo bar
OK
redis> BITPOS foo 1
(integer) 1
```

结合图 3-3 可以看出，正如 BITPOS 命令的结果所示，"bar" 中的第一个值为 1 的二进制位的偏移量为 1（同其他命令一样，BITPOS 命令的索引也从 0 开始算起）。那么，有没有可能指定二进制位的查询范围呢？BITPOS 命令的第二个和第三个参数分别可以用来指定要查询的起始**字节**（同样从 0 开始算起）和结束**字节**。注意这里的单位不再是二进制位，而是字节。如果我们想查询第二个字节到第三个字节之间（即 "a" 和 "r"）出现的第一个值为 1 的二进制位的偏移量，则可以执行：

```
redis> BITPOS foo 1 1 2
(integer) 9
```

这里的返回结果的偏移量是从头开始算起的，与起始字节无关。另外，要特别说明的一个有趣的现象是，如果不设置结束字节且键值的所有二进制位都是 1，则当要查询值为 0 的二进制位偏移量时，返回结果会是键值长度的下一个字位的偏移量。这是因为 Redis 会认为键值长度之后的二进制位都是 0。

利用位操作命令可以非常紧凑地存储布尔值。例如，如果网站的每个用户都有一个递增的整数 ID，使用一个字符串类型键配合位操作来记录每个用户的性别（用户 ID 作为索引，二进制位值 1 和 0 表示男性和女性），那么记录 100 万个用户的性别只需占用 100 KB 多的空间，而且由于 GETBIT 和 SETBIT 命令的时间复杂度都是 $O(1)$，因此读取二进制位值的性能很高。

> **注意** 使用 SETBIT 命令时，如果当前键的键值长度小于要设置的二进制位的偏移量时，Redis 会自动分配内存并将键值的当前长度到指定的偏移量之间的二进制位都设置为 0。如果要分配的内存过大，则很可能会使服务器暂时阻塞而无法接收同一时间的其他请求。例如，在一台 2014 年的 MacBook Pro 笔记本计算机上，设置偏移量 $2^{32}-1$ 的值（即分配 500 MB 的内存）需要耗费将近 1 秒的时间。分配过大的偏移量除了会造成服务器阻塞，还会造成空间浪费。还是举刚才存储网站用户性别的例子，如果这个网站的用户 ID 是从 100000001 开始的，那么会造成超过 10MB 的浪费，正确的做法是将每个用户的 ID 减去 100000000 再进行存储。

3.3 哈希类型

小白只用了半个多小时就把访问统计和发表文章两个部分做好了。同时，借助 Bootstrap 框架，宋老师花了一小会儿时间教会了之前只涉猎过 HTML 的小白如何做出一个像样的网页界面。

接着小白发问：

接下来我想要实现的功能是博客的文章列表页，我设想在列表页中每篇文章只显示标题部分，可是使用您刚才介绍的方法，若想取得文章的标题，必须把整篇文章的数据字符串取出来进行反序列化，而其中占用空间最大的文章内容部分却是不需要的，这样难道不会在传输和处理时造成资源浪费吗？

宋老师有些惊喜地看着小白答道"很对！"，同时以夸张的幅度点了下头，接着说：

这正是我接下来准备讲的。不仅取数据时会有资源浪费，在修改数据时也会有这个问题，例如当你只想更改文章的标题时，也不得不把整个文章的数据字符串更新一遍。

没等小白再问，宋老师就又继续说道：

前面我说过 Redis 的强大特性之一就是提供了多种实用的数据类型，其中的哈希类型可以非常好地解决这个问题。

3.3.1 介绍

我们现在已经知道 Redis 是采用字典结构以键值对的形式存储数据的，而哈希类型（hash）的键值也是一种字典结构，其存储了字段（field）和字段值的映射，但字段值只能是字符串，不支持其他数据类型，换句话说，哈希类型不能嵌套其他数据类型。一个哈希类型键可以包含至多 $2^{32}-1$ 个字段。

> **提示** 除了哈希类型，Redis 的其他数据类型同样不支持数据类型嵌套。例如集合类型的每个元素都只能是字符串，不能是另一个集合或哈希表等。

哈希类型适合存储对象：使用对象类别和 ID 构成键名，使用字段表示对象的属性，而字段值则存储属性值。例如要存储 ID 为 2 的汽车对象，可以分别使用名为 color、name 和 price 的 3 个字段来存储该辆汽车的颜色、名称和价格，存储结构如图 3-5 所示。

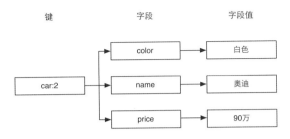

图 3-5　使用哈希类型存储汽车对象的结构

回想一下在关系数据库中如何存储汽车对象，存储结构如表 3-2 所示。

表 3-2　关系数据库存储汽车对象的表结构

ID	color	name	price
1	黑色	宝马	100 万元
2	白色	奥迪	90 万元
3	蓝色	宾利	600 万元

数据是以二维表的形式存储的，这就要求所有的记录都具有同样的属性，无法单独为某条记录增、减属性。如果想为 ID 为 1 的汽车增加生产日期属性，就需要把数据表更改为表 3-3 所示的结构。

表 3-3　为其中一辆汽车增加一个"属性"

ID	color	name	price	date
1	黑色	宝马	100 万元	2012 年 12 月 21 日
2	白色	奥迪	90 万元	
3	蓝色	宾利	600 万元	

对 ID 为 2 和 3 的两条记录而言，date 字段是冗余的。可想而知，当不同的记录需要不同的属性时，表的字段数量会越来越多，以至于难以维护。而且当使用 ORM[1]将关系数据库中的对象实体映射成程序中的实体时，修改表的结构往往意味着要中断服务（重启网站程序）。为了防止这些问题的出现，在关系数据库中存储这种半结构化数据还需要额外的表。

而 Redis 的哈希类型则不存在这个问题。虽然我们在图 3-5 中描述了汽车对象的存储结构，但是这个结构只是人为的约定，Redis 并不要求每个键都依据此结构存储，我们完全可以自由地为任何键增减字段而不影响其他键。

---

① 即对象关系映射（Object-Relational Mapping）。

3.3.2 命令

1. 赋值与取值

```
HSET key field value
```

```
HGET key field
```

```
HMSET key field value [field value ...]
```

```
HMGET key field [field ...]
```

```
HGETALL key
```

HSET 命令用来给字段赋值，而 HGET 命令用来获得字段的值。用法如下：

```
redis> HSET car price 500
(integer) 1
redis> HSET car name BMW
(integer) 1
redis> HGET car name
"BMW"
```

HSET 命令的方便之处在于不区分插入和更新操作，这意味着修改数据时不用事先判断字段是否存在来决定要执行的是插入操作（insert）还是更新操作（update）。当执行的是插入操作时（即之前字段不存在），HSET 命令会返回 1，当执行的是更新操作时（即之前字段已经存在），HSET 命令会返回 0。更进一步，当键本身不存在时，HSET 命令还会自动建立它。

> **提示** 在 Redis 中，每个键都属于一个明确的数据类型，如通过 HSET 命令建立的键是哈希类型，通过 SET 命令建立的键是字符串类型等。使用一种数据类型的命令操作另一种数据类型键会提示错误："ERR Operation against a key holding the wrong kind of value"[①]。

当需要同时设置多个字段的值时，可以使用 HMSET 命令。例如，下面两条语句

```
HSET key field1 value1
HSET key field2 value2
```

可以用 HMSET 命令改写成

```
HMSET key field1 value1 field2 value2
```

相应地，HMGET 命令可以同时获得多个字段的值：

```
redis> HMGET car price name
1) "500"
2) "BMW"
```

---

① 并不是所有命令都如此，例如 SET 命令可以覆盖已经存在的键而不论原来的键是什么类型。

如果想获取键中所有字段和字段值却不知道键中有哪些字段时（如 3.3.1 节介绍的存储汽车对象的例子，每个对象拥有的属性都未必相同），应该使用 HGETALL 命令。如：

```
redis> HGETALL car
1) "price"
2) "500"
3) "name"
4) "BMW"
```

返回的结果是字段和字段值组成的列表，不是很直观，好在很多种语言的 Redis 客户端会将 HGETALL 的返回结果封装成编程语言中的对象，这样处理起来就非常方便了。例如，在 Node.js 中是这样封装的：

```
redis.hgetall("car", function (error, car) {
    // hgetall()方法的返回值被封装成 JavaScript 对象
    console.log(car.price);
    console.log(car.name);
});
```

2. 判断字段是否存在

HEXISTS *key field*

HEXISTS 命令用来判断一个字段是否存在。如果存在则返回 1，否则返回 0（如果键不存在也会返回 0）。

```
redis> HEXISTS car model
(integer) 0
redis> HSET car model C200
(integer) 1
redis> HEXISTS car model
(integer) 1
```

3. 当字段不存在时赋值

HSETNX *key field value*

HSETNX[①]命令与 HSET 命令类似，区别在于如果字段已经存在，HSETNX 命令将不执行任何操作。其实现可以表示为如下伪代码：

```
def hsetnx($key, $field, $value)
    $isExists = HEXISTS $key, $field
    if $isExists is 0
        HSET $key, $field, $value
        return 1
    else
        return 0
```

① HSETNX 命令中的"NX"表示"if Not eXists"（如果不存在）。

只不过 HSETNX 命令是原子操作，不用担心竞态条件。

4. 增加数字

```
HINCRBY key field increment
```

3.2.4 节介绍了字符串类型的命令 INCRBY，HINCRBY 命令与之类似，可以使字段值增加指定的整数。哈希类型没有 HINCR 命令，但是可以通过 HINCRBY key field 1 来实现。

HINCRBY 命令的示例如下：

```
redis> HINCRBY person score 60
(integer) 60
```

之前 person 键不存在，HINCRBY 命令会自动建立该键并默认 score 字段在执行命令前的值为 "0"。命令的返回值是值增加后的字段值。

5. 删除字段

```
HDEL key field [field ...]
```

HDEL 命令可以删除一个或多个字段，返回值是被删除的字段个数：

```
redis> HDEL car price
(integer) 1
redis> HDEL car price
(integer) 0
```

3.3.3 实践

1. 存储文章数据

3.2.3 节介绍了可以将文章对象序列化后使用一个字符串类型键存储，可是这种方法无法提供对单个字段的原子读写操作支持，从而产生竞态条件，如两个客户端同时获得并反序列化某篇文章的数据，然后分别修改不同的属性后存入，显然后存入的数据会覆盖之前的数据，最后只会有一个属性被修改。另外，如小白所说，即使只需要文章标题，程序也不得不将包括文章内容在内的所有文章数据取出并反序列化，比较消耗资源。

除此之外，还有一种方法是组合使用多个字符串类型键来存储一篇文章的数据，如图 3-6 所示。

使用这种方法的好处在于无论获取还是修改文章数据，都可以只对某一属性进行操作，十分方便。而本章介绍的哈希类型则更适合此场景，使用哈希类型的存储结构如图 3-7 所示。

从图 3-7 可以看出，使用哈希类型键来存储文章数据比图 3-6 所示的方法看起来更加直观，也更容易维护（例如可以使用 HGETALL 命令获得一个对象的所有字段，删除一个对象时只需要删除一个键），另外存储同样的数据时，哈希类型往往比字符串类型更加节省空间，具体的细节会在 4.6 节中介绍。

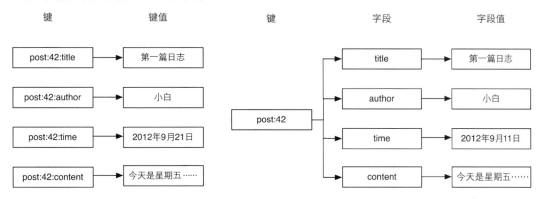

图 3-6　使用多个字符串类型键存储一个对象　　图 3-7　使用一个哈希类型键存储一个对象

2. 存储文章缩略名

使用过 WordPress 的读者可能会知道，发布文章时一般需要指定一个缩略名（slug）来构成该篇文章的网址的一部分，缩略名必须符合网址规范且最好可以与文章标题含义相似，例如 "This Is A Great Post!" 的缩略名可以是 "this-is-a-great-post"。每篇文章的缩略名必须是唯一的，所以在发布文章时程序需要验证用户输入的缩略名是否存在，同时也需要通过缩略名获得文章的 ID。

我们可以使用一个哈希类型键 slug.to.id 来存储文章缩略名和 ID 之间的映射关系。其中，字段用来记录缩略名，字段值用来记录缩略名对应的 ID。这样就可以使用 HEXISTS 命令来判断缩略名是否存在，使用 HGET 命令来获得缩略名对应的文章 ID 了。

现在发布文章可以修改成如下代码：

```
$postID = INCR posts:count

# 判断用户输入的slug是否可用，如果可用则记录
$isSlugAvailable = HSETNX slug.to.id, $slug, $postID
if $isSlugAvailable is 0
    # slug已经用过了，需要提示用户更换slug
    # 这里为了演示方便直接退出
    exit

HMSET post:$postID, title, $title, content, $content, slug, $slug,...
```

这段代码使用 HSETNX 命令原子地实现了 HEXISTS 和 HSET 两条命令以避免竞态条件。当用户访问文章时，我们从网址中得到文章的缩略名，并查询 slug.to.id 键来获取文章 ID：

```
$postID = HGET slug.to.id, $slug
if not $postID
    print 文章不存在
    exit
```

```
$post = HGETALL post:$postID
print 文章标题: $post.title
```

需要注意的是，如果要修改文章的缩略名，一定不能忘了修改 `slug.to.id` 键对应的字段。例如要修改 ID 为 42 的文章的缩略名为 `newSlug` 变量的值：

```
# 判断新的 slug 是否可用，如果可用则记录
$isSlugAvailable = HSETNX slug.to.id, $newSlug, 42
if $isSlugAvailable is 0
    exit

# 获得旧的缩略名
$oldSlug = HGET post:42, slug
# 设置新的缩略名
HSET post:42, slug, $newSlug
# 删除旧的缩略名
HDEL slug.to.id, $oldSlug
```

3.3.4　命令拾遗

1. 只获取字段名或字段值

```
HKEYS key

HVALS key
```

有时仅仅需要获取键中所有字段名而不需要获取字段值，那么可以使用 HKEYS 命令，就像这样：

```
redis> HKEYS car
1) "name"
2) "model"
```

HVALS 命令与 HKEYS 命令相对应，HVALS 命令用来获取键中所有字段值，例如：

```
redis> HVALS car
1) "BMW"
2) "C200"
```

2. 获取字段数量

```
HLEN key
```

例如：

```
redis> HLEN car
(integer) 2
```

3.4 列表类型

正当小白踌躇满志地写着文章列表页的代码时，一个很重要的问题阻碍了他的开发，于是他请来了宋老师为他讲解。

原来小白是使用如下流程获取文章列表的：

（1）读取 posts:count 键来获取博客中最大的文章 ID；

（2）根据这个 ID 来计算当前列表页面中需要展示的文章 ID 列表（小白规定博客每页只显示 10 篇文章，按照 ID 的倒序排列），如第 *n* 页的文章 ID 范围是从"最大的文章 *ID* - (n - 1) * 10"到"max(最大的文章 *ID* - n * 10 + 1, 1)"；

（3）对每个 ID 使用 HMGET 命令来获取文章数据。

对应的伪代码如下：

```
# 每页显示 10 篇文章
$postsPerPage = 10
# 获取最后发表的文章 ID
$lastPostID = GET posts:count
# $currentPage 存储的是当前页码，第一页时$currentPage 的值为 1，以此类推
$start = $lastPostID - ($currentPage - 1) * $postsPerPage
$end = max($lastPostID - $currentPage * $postsPerPage + 1, 1)


# 遍历文章 ID 获取数据
for $i = $start down to $end
    # 获取文章的标题和作者并打印出来
    post = HMGET post:$i, title, author
    print $post[0]    # 文章标题
    print $post[1]    # 文章作者
```

可是这种方式要求用户不能删除文章以保证 ID 连续，否则小白就必须在程序中使用 EXISTS 命令判断某个 ID 的文章是否存在，如果不存在则跳过。由于每删除一篇文章都会影响后面的页码分布，因此为了保证每页的文章列表都能正好显示 10 篇文章，不论是第几页，都不得不从最大的文章 ID 开始遍历来获取当前页面应该显示哪些文章。

小白摇了摇头，心想："真是个灾难！"然后看向宋老师，试探性地问道："我想到了 KEYS 命令，可不可以使用 KEYS 命令获取所有以"post:"开头的键，然后根据键名分页呢？"

宋老师回答道："确实可行，不过 KEYS 命令需要遍历数据库中的所有键，出于性能考虑，一般很少在生产环境中使用这条命令。至于你提到的问题，可以使用 Redis 的列表类型来解决。"

3.4.1 介绍

列表类型（list）可以存储一个有序的字符串列表，常用的操作是向列表两端添加元

素，或者获取列表的某一个片段。

列表类型内部是使用双向链表（double linked list）实现的，所以向列表两端添加元素的时间复杂度为 $O(1)$，获取的元素越接近两端速度就越快。这意味着即使是一个有几千万个元素的列表，获取头部或尾部的 10 条记录也是极快的（和从只有 20 个元素的列表中获取头部或尾部的 10 条记录的速度是一样的）。

不过使用链表的代价是通过索引访问元素比较慢，设想在 iPad mini 发售当天有 1000 个人在某苹果专卖店排队等候购买，此时苹果公司宣布为了感谢大家的排队支持，决定奖励排在第 486 位的顾客一部免费的 iPad mini。为了找到第 486 位顾客，工作人员不得不从队首一个个地数到第 486 个人。但同时，无论队伍多长，新来的人想加入队伍的话直接排到队尾就可以了，和队伍里有多少人没有任何关系。这种情景与列表类型的特性很相似。

这种特性使列表类型能非常快速地完成关系数据库难以应对的场景：如社交网站的新鲜事，我们关心的只是最新的内容，使用列表类型存储，即使新鲜事的总数达到几千万个，获取其中最新的 100 条数据也是极快的。同样，因为在两端插入记录的时间复杂度是 $O(1)$，列表类型也适合用来记录日志，可以保证加入新日志的速度不会受到已有日志数量的影响。

借助列表类型，Redis 还可以作为队列使用，4.4 节会详细介绍。

与哈希类型键最能容纳的字段数量相同，一个列表类型键最多能容纳 $2^{32}-1$ 个元素。

3.4.2　命令

1.　向列表两端增加元素

```
LPUSH key value [value ...]
RPUSH key value [value ...]
```

LPUSH 命令用来向列表左边增加元素，返回值表示增加元素后列表的长度。

```
redis> LPUSH numbers 1
(integer) 1
```

此时，numbers 键中的数据如图 3-8 所示。LPUSH 命令还支持同时增加多个元素，例如：

```
redis> LPUSH numbers 2 3
(integer) 3
```

LPUSH 会先向列表左边加入"2"，然后加入"3"，所以此时 numbers 键中的数据如图 3-9 所示。

图 3-8　加入元素 1 后 numbers 键中的数据 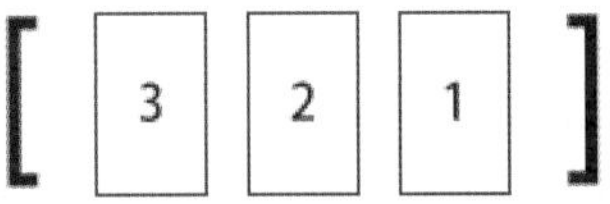　　　　图 3-9　加入元素 2、3 后 numbers 键中的数据

向列表右边增加元素的话则使用 RPUSH 命令,其用法和 LPUSH 命令一样:

```
redis> RPUSH numbers 0 -1
(integer) 5
```

此时,numbers 键中的数据如图 3-10 所示。

图 3-10 使用 RPUSH 命令加入元素 0、−1 后 numbers 键中的数据

2. 从列表两端弹出元素

```
LPOP key

RPOP key
```

有进有出,LPOP 命令可以从列表左边弹出一个元素。LPOP 命令执行两步操作:第一步是将列表左边的元素从列表中移除,第二步是返回被移除的元素值。例如,从列表左边弹出一个元素(也就是"3"):

```
redis> LPOP numbers
"3"
```

此时,numbers 键中的数据如图 3-11 所示。

同样,RPOP 命令可以从列表右边弹出一个元素:

```
redis> RPOP numbers
"-1"
```

此时,numbers 键中的数据如图 3-12 所示。

图 3-11 从左侧弹出元素后 numbers 键中的数据　　图 3-12 从右侧弹出元素后 numbers 键中的数据

结合上面提到的 4 条命令,可以使用列表类型来模拟栈和队列的操作:如果想把列表当作栈,则搭配使用 LPUSH 和 LPOP,或者搭配使用 RPUSH 和 RPOP;如果想把列表当作队列,则搭配使用 LPUSH 和 RPOP,或者搭配使用 RPUSH 和 LPOP。

3. 获取列表中元素的个数

```
LLEN key
```

当键不存在时,LLEN 会返回 0:

```
redis> LLEN numbers
(integer) 3
```

LLEN 命令的功能类似于 SQL 语句 SELECT COUNT(*) FROM *table_name*,但是 LLEN 的时间复杂度为 $O(1)$,使用时 Redis 会直接读取现成的值,而不需要像部分关系数据库(如使用 InnoDB 存储引擎的 MySQL 表)那样需要遍历一次数据表来统计条目数量。

4. 获取列表片段

```
LRANGE key start stop
```

LRANGE 命令是列表类型最常用的命令之一,它能够获取列表中的某一片段。LRANGE 命令将返回索引从 start 到 stop 之间的所有元素(包含两端的元素)。与大多数人的直觉相同,Redis 的列表起始索引为 0:

```
redis> LRANGE numbers 0 2
1) "2"
2) "1"
3) "0"
```

LRANGE 命令在获取列表片段的同时不会像 LPOP 那样删除该片段,另外 LRANGE 命令与很多编程语言中用来截取数组片段的方法 slice() 有一点区别是,LRANGE 返回的值包含最右边的元素,如在 JavaScript 中:

```
var numbers = [2, 1, 0];
console.log(numbers.slice(0, 2));  // 返回数组: [2, 1]
```

LRANGE 命令也支持负索引,表示从右边开始计算序数,如"-1"表示最右边第一个元素,"-2"表示最右边第二个元素,依次类推:

```
redis> LRANGE numbers -2 -1
1) "1"
2) "0"
```

显然,LRANGE numbers 0 -1 可以获取列表中的所有元素。一些特殊情况如下。

(1)如果 start 的索引位置比 stop 的索引位置靠后,则会返回空列表。

(2)如果 stop 超出实际的索引范围,则会返回到列表最右边的元素:

```
redis> LRANGE numbers 1 999
1) "1"
2) "0"
```

5. 删除列表中指定的值

```
LREM key count value
```

LREM 命令会删除列表中前 *count* 个值为 *value* 的元素,返回值是实际删除的元素个数。根据 *count* 值的不同,LREM 命令的执行方式会略有差异。

(1)当 *count* > 0 时,LREM 命令会从列表左边开始删除前 count 个值为 *value* 的元素。

(2)当 *count* < 0 时,LREM 命令会从列表右边开始删除前 |count| 个值为 *value* 的元素。

（3）当 *count* = 0 时，LREM 命令会删除所有值为 *value* 的元素。例如：

```
redis> RPUSH numbers 2
(integer) 4
redis> LRANGE numbers 0 -1
1) "2"
2) "1"
3) "0"
4) "2"

# 从右边开始删除第一个值为"2"的元素
redis> LREM numbers -1 2
(integer) 1
redis> LRANGE numbers 0 -1
1) "2"
2) "1"
3) "0"
```

3.4.3 实践

1. 存储文章 ID 列表

为了解决小白遇到的问题，我们使用列表类型键 posts:list 记录文章 ID 列表。当发布新文章时，使用 LPUSH 命令把新文章的 ID 加入这个列表中，删除文章时，也要记得把列表中的文章 ID 删除，就像这样：LREM posts:list 1 *要删除的文章 ID*。

有了文章 ID 列表，就可以使用 LRANGE 命令来实现文章的分页显示了。伪代码如下：

```
$postsPerPage = 10
$start = ($currentPage - 1) * $postsPerPage
$end = $currentPage * $postsPerPage - 1
$postsID = LRANGE posts:list, $start, $end

# 获得了此页需要显示的文章 ID 列表，我们通过循环的方式来读取文章
for each $id in $postsID
  $post = HGETALL post:$id
  print 文章标题: $post.title
```

这样显示的文章列表是根据加入列表的顺序倒序的（即最新发布的文章显示在前面），如果想让最旧的文章显示在前面，可以使用 LRANGE 命令获取需要的部分，并在客户端中将顺序反转后显示出来，具体的实现交由读者来完成。

小白的问题至此就解决了，美中不足的一点是，哈希类型没有类似于字符串类型的 MGET 命令那样可以通过一条命令同时获取多个键的键值的版本，所以对于每个文章 ID 都需要请求一次数据库，也就都会产生一次往返时延（round-trip delay time）[1]，之后我们会介绍如何使用管道和脚本来优化这个问题。

---

[1] 4.5 节还会详细介绍这个概念。

另外，使用列表类型键存储文章 ID 列表有以下两个问题。

（1）文章的发布时间不易修改：要想修改文章的发布时间，不仅要修改 post:文章 ID 中的 time 字段，还需要按照实际的发布时间重新排列 posts:list 中的元素顺序，而这一操作相对比较烦琐。

（2）当文章数量较多时，访问中间页面的性能较差：前面已经介绍过，列表类型是通过链表实现的，所以当列表元素非常多时访问中间元素的效率并不高。

但如果博客系统不提供修改文章时间的功能并且文章数量也不多时，使用列表类型也不失为一种好办法。对小白要实现的博客系统来讲，现阶段的成果已经足够实用且值得庆祝了。3.6 节将介绍使用有序集合类型存储文章 ID 列表的方法。

2. 存储评论列表

在博客系统中还可以使用列表类型键存储文章的评论。由于小白的博客系统不允许访客修改自己发表的评论，而且考虑到读取评论时需要获得评论的全部数据（评论者姓名、联系方式、评论时间和评论内容），不像文章一样有时只需要文章标题而不需要文章正文，因此适合将一条评论的各个元素序列化成字符串后作为列表类型键中的元素来存储。

我们使用列表类型键 post:文章 ID:comments 来存储某篇文章的所有评论。发布评论的伪代码如下（以 ID 为 42 的文章为例）：

```
# 将评论序列化成字符串
$serializedComment = serialize($author, $email, $time, $content)
LPUSH post:42:comments, $serializedComment
```

读取评论时同样使用 LRANGE 命令即可，具体的实现在此不再赘述。

3.4.4 命令拾遗

1. 获取/设置指定索引的元素值

```
LINDEX key index
LSET key index value
```

如果要将列表类型当作数组来用，LINDEX 命令是必不可少的。LINDEX 命令用来返回指定索引的元素，索引从 0 开始。如：

```
redis> LINDEX numbers 0
"2"
```

如果 index 是负数，则表示从右边开始计算的索引，最右边元素的索引是-1。例如：

```
redis> LINDEX numbers -1
"0"
```

LSET 是另一个通过索引操作列表的命令，它会将索引为 *index* 的元素赋值为 *value*。例如：

```
redis> LSET numbers 1 7
OK
redis> LINDEX numbers 1
"7"
```

2. 只保留列表指定片段

```
LTRIM key start end
```

LTRIM 命令可以删除指定索引范围之外的所有元素，其指定列表范围的方法和 LRANGE 命令相同。就像这样：

```
redis> LRANGE numbers 0 -1
1) "1"
2) "2"
3) "7"
4) "3"
"0"
redis> LTRIM numbers 1 2
OK
redis> LRANGE numbers 0 1
1) "2"
2) "7"
```

LTRIM 命令常和 LPUSH 命令一起使用来限制列表中元素的数量，例如记录日志时我们希望只保留最近的 100 条日志，则每次加入新元素时调用一次 LTRIM 命令即可：

```
LPUSH logs $newLog
LTRIM logs 0 99
```

3. 向列表中插入元素

```
LINSERT key BEFORE|AFTER pivot value
```

LINSERT 命令首先会在列表中从左到右查找值为 *pivot* 的元素，然后根据第二个参数是 BEFORE 还是 AFTER 来决定将 *value* 插入该元素的前面还是后面。

LINSERT 命令的返回值是插入后列表的元素个数。示例如下：

```
redis> LRANGE numbers 0 -1
1) "2"
2) "7"
3) "0"
redis> LINSERT numbers AFTER 7 3
(integer) 4
redis> LRANGE numbers 0 -1
1) "2"
```

```
2) "7"
3) "3"
4) "0"
redis> LINSERT numbers BEFORE 2 1
(integer) 5
redis> LRANGE numbers 0 -1
1) "1"
2) "2"
3) "7"
4) "3"
5) "0"
```

4. 将元素从一个列表转到另一个列表

```
RPOPLPUSH source destination
```

RPOPLPUSH 是很有意思的命令，从名字就可以看出它的功能：先执行 RPOP 命令再执行 LPUSH 命令。RPOPLPUSH 命令会先从 *source* 列表类型键的右边弹出一个元素，然后将其加入 *destination* 列表类型键的左边，并返回这个元素的值，整个过程是原子的。其具体实现可以表示为伪代码：

```
def rpoplpush ($source, $destination)
    $value = RPOP $source
    LPUSH $destination, $value
    return $value
```

当把列表类型作为队列使用时，RPOPLPUSH 命令可以很直观地在多个队列中传递数据。当 *source* 和 *destination* 相同时，RPOPLPUSH 命令会不断地将队尾的元素移到队首，借助这个特性我们可以实现一个网站监控系统：使用一个队列存储需要监控的网址，然后监控程序不断地使用 RPOPLPUSH 命令循环取出一个网址来测试其可用性。这里使用 RPOPLPUSH 命令的好处在于，在程序执行过程中仍然可以不断地向网址列表中加入新网址，而且整个系统容易扩展，允许多个客户端同时处理队列。

3.5　集合类型

博客首页、文章页面、评论页面……眼看着博客系统逐渐成形，小白的心情也是越来越好。时间已经到了深夜，小白却还陶醉于编码之中。不过一个他无法解决的问题最终还是让他不得不提早去睡觉：小白不知道该怎么在 Redis 中存储文章标签（tag）。他想过使用哈希类型或列表类型来存储，虽然都能实现，但是总觉得颇有不妥，再加上之前几天领略了 Redis 的强大功能后，小白相信一定有一种合适的数据类型能满足他的需求。于是小白给宋老师发了封邮件询问后就睡觉去了。

第二天一早小白就收到了宋老师的回复：

你很善于思考嘛！你想的没错，Redis 有一种数据类型很适合存储文章的标签，它就是集合类型。

3.5.1　介绍

关于集合的概念，我们在高中的数学课就学习过。集合中的每个元素都是不同的，且没有顺序。一个集合类型（set）键可以存储至多 $2^{32}-1$ 个（相信大家对这个数字已经很熟悉了）字符串。

集合类型和列表类型有相似之处，但很容易将它们区分开来，如表 3-4 所示。

表 3-4　集合类型和列表类型对比

对 比 项	集 合 类 型	列 表 类 型
存储内容	至多 $2^{32}-1$ 个字符串	至多 $2^{32}-1$ 个字符串
有序性	否	是
唯一性	是	否

集合类型的常用操作是向集合中增加或删除元素、判断某个元素是否存在等，由于集合类型在 Redis 内部是使用值为空的哈希表（hash table）实现的，因此这些操作的时间复杂度都是 $O(1)$。最方便的是多个集合类型键之间还可以进行并、交和差运算，稍后就会看到灵活运用这一特性带来的便利。

3.5.2　命令

1．增加/删除元素

```
SADD key member [member ...]
SREM key member [member ...]
```

SADD 命令用来向集合中增加一个或多个元素，如果键不存在则会自动创建。因为在一个集合中不能有相同的元素，所以如果要加入的元素已经存在于集合中就会忽略这个元素。此命令的返回值是增加成功的元素个数（忽略的元素不计算在内）。例如：

```
redis> SADD letters a
(integer) 1
redis> SADD letters a b c
(integer) 2
```

第二条 SADD 命令的返回值为 2 是因为元素"a"已经存在，所以实际上只加入了两个元素。

SREM 命令用来从集合中删除一个或多个元素，并返回删除成功的元素个数，例如：

```
redis> SREM letters c d
(integer) 1
```

因为元素"d"在集合中不存在，所以只删除了一个元素，返回值为 1。

2. 获取集合中的所有元素

```
SMEMBERS key
```

SMEMBERS 命令会返回集合中的所有元素，例如：

```
redis> SMEMBERS letters
1) "b"
2) "a"
```

3. 判断元素是否在集合中

```
SISMEMBER key member
```

判断一个元素是否在集合中是一个时间复杂度为 $O(1)$ 的操作，无论集合中有多少个元素，SISMEMBER 命令始终可以极快地返回结果。当值存在时 SISMEMBER 命令返回 1，当值不存在或键不存在时返回 0，例如：

```
redis> SISMEMBER letters a
(integer) 1
redis> SISMEMBER letters d
(integer) 0
```

4. 集合间运算

```
SDIFF key [key ...]

SINTER key [key ...]

SUNION key [key ...]
```

接下来要介绍的 3 条命令都是用来进行多个集合间运算的。

（1）SDIFF 命令用来对多个集合执行差集运算。集合 A 与集合 B 的差集表示为 $A-B$，代表所有属于 A 且不属于 B 的元素构成的集合（如图 3-13 所示），即 $A-B = \{x \mid x \in A$ 且 $x \notin B\}$。例如：

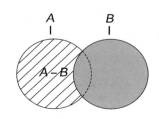

图 3-13　图中斜线部分表示 $A-B$

```
{1, 2, 3} - {2, 3, 4} = {1}
{2, 3, 4} - {1, 2, 3} = {4}
```

SDIFF 命令的使用方法如下：

```
redis> SADD setA 1 2 3
(integer) 3
```

```
redis> SADD setB 2 3 4
(integer) 3
redis> SDIFF setA setB
1) "1"
redis> SDIFF setB setA
1) "4"
```

SDIFF 命令支持同时传入多个键，例如：

```
redis> SADD setC 2 3
(integer) 2
redis> SDIFF setA setB setC
1) "1"
```

计算顺序是先计算 $A–B$，再计算其结果与集合 C 的差集。

（2）SINTER 命令用来对多个集合执行交运算。集合 A 与集合 B 的交集表示为 $A \cap B$，代表所有属于 A 且属于 B 的元素构成的集合（如图 3-14 所示），即 $A \cap B = \{x \mid x \in A$ 且 $x \in B\}$。例如：

```
{1, 2, 3} ∩ {2, 3, 4} = {2, 3}
```

SINTER 命令的使用方法如下：

```
redis> SINTER setA setB
1) "2"
2) "3"
```

SINTER 命令同样支持同时传入多个键，如：

```
redis> SINTER setA setB setC
1) "2"
2) "3"
```

（3）SUNION 命令用来对多个集合执行并运算。集合 A 与集合 B 的并集表示为 $A \cup B$，代表所有属于 A 或属于 B 的元素构成的集合（如图 3-15 所示）即 $A \cup B = \{x \mid x \in A$ 或 $x \in B\}$。例如：

```
{1, 2, 3} ∪{2, 3, 4} = {1, 2, 3, 4}
```

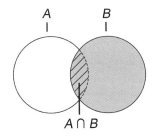

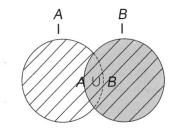

图 3-14　图中斜线部分表示 $A \cap B$　　　图 3-15　图中斜线部分表示 $A \cup B$

SUNION 命令的使用方法如下：

```
redis> SUNION setA setB
1) "1"
2) "2"
3) "3"
4) "4"
```

SUNION 命令同样支持同时传入多个键，例如：

```
redis> SUNION setA setB setC
1) "1"
2) "2"
3) "3"
4) "4"
```

3.5.3 实践

1. 存储文章标签

考虑到一篇文章的所有标签都是互不相同的，而且展示时对这些标签的排列顺序并没有要求，我们可以使用集合类型键存储文章标签。

对每篇文章使用键名为 post:文章 ID:tags 的键存储该篇文章的标签。具体操作如伪代码：

```
# 给 ID 为 42 的文章增加标签：
SADD post:42:tags, 闲言碎语, 技术文章, Java
# 删除标签：
SREM post:42:tags, 闲言碎语
# 显示所有的标签：
$tags = SMEMBERS post:42:tags
print $tags
```

使用集合类型键存储标签适合需要单独增加或删除标签的场景。如在 WordPress 博客程序中无论是添加还是删除标签都是针对单个标签的（如图 3-16 所示），可以直观地使用 SADD 和 SREM 命令完成操作。

另外，有些地方需要用户直接设置所有标签后一起上传修改，图 3-17 是某网站的个人资料编辑页面，用户编辑自己的爱好后提交，程序直接覆盖原来的标签数据，整个过程没有针对单个标签的操作，并未利用到集合类型的优势，所以此时也可以直接使用字符串类型键存储标签数据。

图 3-16　在 WordPress 中设置文章标签　　　　图 3-17　在网站中设置个人爱好

之所以特意提到这个在实践中的差别，是想说明对于 Redis 存储方式的选择并没有统一的规则，例如 3.4 节介绍过使用列表类型存储访客评论，但是在一些特定的场合下哈希类型甚至字符串类型可能更适合。

2. 通过标签搜索文章

有时我们还需要列出某个标签下的所有文章，甚至需要获取同时属于某几个标签的文章列表，这种需求在传统关系数据库中实现起来比较复杂，下面举一个例子。

现有 3 张表，即 posts、tags 和 posts_tags，分别存储文章数据、标签、文章与标签的对应关系。其结构分别如表 3-5、表 3-6、表 3-7 所示。

表 3-5　posts 表结构

字　段　名	说　　明
post_id	文章 ID
post_title	文章标题

表 3-6　tags 表结构

字　段　名	说　　明
tag_id	标签 ID
tag_name	标签名称

表 3-7　posts_tags 表结构

字　段　名	说　　明
post_id	对应的文章 ID
tag_id	对应的标签 ID

为了找到同时标有"Java""MySQL"和"Redis"这 3 个标签的文章，需要使用如下的 SQL 语句：

```
SELECT p.post_title
FROM posts_tags pt,
    posts p,
    tags t
WHERE pt.tag_id = t.tag_id
  AND (t.tag_name IN ('Java', 'MySQL', 'Redis'))
  AND p.post_id = pt.post_id
GROUP BY p.post_id HAVING COUNT(p.post_id)=3;
```

可以很明显看到这样的 SQL 语句不仅效率相对较低，而且不易阅读和维护。而使用 Redis 可以很简单直接地实现这一需求。

具体做法是为每个标签使用一个名为 tag:标签名称:posts 的集合类型键存储标有该标签的文章 ID 列表。假设现在有 3 篇文章，文章 ID 分别为 1、2、3，其中 ID 为 1 的文

章标签是 "Java"，ID 为 2 的文章标签是 "Java" "MySQL"，ID 为 3 的文章标签是 "Java" "MySQL" 和 "Redis"，则有关标签部分的存储结构如图 3-18 所示[①]。

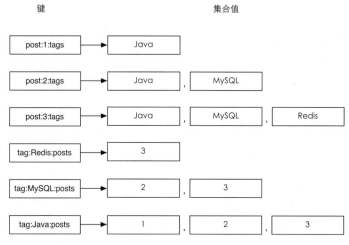

图 3-18　和标签有关部分的存储结构

最简单的情况是，当需要获取标有 "MySQL" 标签的文章时，只需要使用命令 SMEMBERS tag:MySQL:posts。如果要实现找到同时标有 "Java" "MySQL" 和 "Redis" 这 3 个标签的文章，只需要将 tag:Java:posts、tag:MySQL:posts 和 tag:Redis:posts 这 3 个键取交集，借助 SINTER 命令即可轻松完成。

3.5.4　命令拾遗

1. 获取集合中的元素个数

```
SCARD key
```

SCARD 命令用来获取集合中的元素个数，例如：

```
redis> SMEMBERS letters
1) "b"
2) "a"
redis> SCARD letters
(integer) 2
```

2. 进行集合运算存储结果

```
SDIFFSTORE destination key [key ...]
```

---

① 集合类型键中的元素是无序的，为了便于读者阅读，图 3-18 将元素按照大小顺序进行了排列。

```
SINTERSTORE destination key [key ...]

SUNIONSTORE destination key [key ...]
```

SDIFFSTORE 命令和 SDIFF 命令功能一样，唯一的区别就是前者不会直接返回运算结果，而是将结果存储在 *destination* 键中。

SDIFFSTORE 命令常用于需要进行多步集合运算的场景中，如需要先计算差集再将结果和其他键计算交集。

SINTERSTORE 和 SUNIONSTORE 命令与 SDIFFSTORE 命令类似，不再赘述。

3. 随机获取集合中的元素

```
SRANDMEMBER key [count]
```

SRANDMEMBER 命令用来随机从集合中获取一个元素，例如：

```
redis> SRANDMEMBER letters
"a"
redis> SRANDMEMBER letters
"b"
redis> SRANDMEMBER letters
"a"
```

还可以传递 *count* 参数来一次随机获取多个元素，根据 *count* 的正负性不同，具体表现也不同。

（1）当 *count*>0 时，SRANDMEMBER 会随机从集合里获取 *count* 个不重复的元素。如果 *count* 的值大于集合中的元素个数，则 SRANDMEMBER 会返回集合中的全部元素。

（2）当 *count*<0 时，SRANDMEMBER 会随机从集合里获取|*count*|个元素，这些元素有可能相同。

为了演示，我们先在 letters 集合中加入两个元素：

```
redis> SADD letters c d
(integer) 2
```

目前 letters 集合中共有 "a" "b" "c" "d" 4 个元素，下面使用不同的参数对 SRANDMEMBER 命令进行测试：

```
redis> SRANDMEMBER letters 2
1) "a"
2) "c"
redis> SRANDMEMBER letters 2
1) "a"
2) "b"
redis> SRANDMEMBER letters 100
1) "b"
2) "a"
3) "c"
4) "d"
```

```
redis> SRANDMEMBER letters -2
1) "b"
2) "b"
redis> SRANDMEMBER letters -10
1) "b"
2) "b"
3) "c"
4) "c"
5) "b"
6) "a"
7) "b"
8) "d"
9) "b"
10) "b"
```

细心的读者可能会发现，SRANDMEMBER 命令返回的数据似乎并不是非常随机，从 SRANDMEMBER letters -10 这个结果中可以很明显地看出这个问题（b 元素出现的次数相对较多[①]），这种情况是由集合类型采用的存储结构（哈希表）造成的。哈希表使用哈希函数将元素映射到不同的存储位置（桶）上，以实现时间复杂度为 $O(1)$ 的元素查找。举个例子，当使用哈希表存储元素 b 时，使用哈希函数计算出 b 的哈希值是 0，所以将 b 存入编号为 0 的桶（bucket）中，下次要查找 b 时就可以用同样的哈希函数再次计算 b 的哈希值并直接到相应的桶中找到 b。当两个不同的元素的哈希值相同时会出现冲突，Redis 使用拉链法来解决冲突，即将哈希值冲突的元素以链表的形式存入同一桶中，查找元素时先找到元素对应的桶，然后从桶中的链表中找到对应的元素。使用 SRANDMEMBER 命令从集合中获取一个随机元素时，Redis 首先会从所有桶中随机选择一个桶，然后从桶中的所有元素中随机选择一个元素，所以元素所在的桶中的元素数量越少，其被随机选中的可能性就越大，如图 3-19 所示。

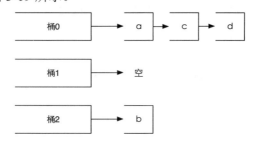

图 3-19　Redis 会先从 3 个桶中随机挑一个非空的桶，然后从桶中随机选择
一个元素，所以选中元素 b 的概率会大一些

4. 从集合中弹出一个元素

```
SPOP key
```

[①] 如果你亲自跟着输入了命令，可能会发现得到的结果与书中的结果并不相同，这是正常现象，见后文描述。

在 3.4 节中，我们学习过 LPOP 命令，其作用是从列表左边弹出一个元素（即返回元素的值并删除它）。SPOP 命令的作用与之类似，但因为集合类型的元素是无序的，所以 SPOP 命令会从集合中随机选择一个元素弹出。例如：

```
redis> SPOP letters
"b"
redis> SMEMBERS letters
1) "a"
2) "c"
3) "d"
```

3.6　有序集合类型

了解了集合类型后，小白终于被 Redis 的强大功能所折服了，但他不愿止步于此。这不，小白又想给博客系统加上按照文章访问量排序的功能：

老师您好，之前您已经介绍了如何使用列表类型键存储文章 ID 列表，不过我还想加上按照文章访问量排序的功能，因为我觉得很多访客更希望看那些热门的文章。

宋老师回答到：

这个功能很好实现，不过要用到一个新的数据类型——有序集合。

3.6.1　介绍

有序集合（sorted set）类型（zset）的特点从它的名字中就可以猜到，它与 3.5 节介绍的集合类型的区别就是"有序"二字。

在集合类型的基础上，有序集合类型为集合中的每个元素都关联了一个分数，这使得我们不仅可以完成插入、删除和判断元素是否存在等集合类型所支持的操作，还能够完成获取分数最高（或最低）的前 N 个元素、获取指定分数范围内的元素等与分数有关的操作。虽然集合中的每个元素都是不同的，但是它们的分数可以相同。

有序集合类型在某些方面和列表类型有些相似。

（1）二者都是有序的。

（2）二者都可以获取某一范围的元素。

但是二者有着很大的区别，这使得它们的应用场景也是不同的。

（1）列表类型是通过链表实现的，获取靠近两端的数据时速度极快，而当元素数量增多后，访问中间部分数据的速度会较慢，所以它更适合实现如"新鲜事"或"日志"这样很少访问中间元素的应用。

（2）有序集合类型是使用哈希表和跳表（skip list）实现的，所以即使读取位于中间部分的数据速度也很快，时间复杂度是 $O(\log N)$。

（3）在列表中不能简单地调整某个元素的位置，但是在有序集合中可以（通过更改这个元素的分数）。

（4）有序集合比列表类型更耗费内存。

有序集合类型算得上 Redis 的 6 种数据类型中最高级别的类型了，在学习时可以与列表类型和集合类型对照理解。

3.6.2　命令

1.　增加元素

```
ZADD key score member [score member ...]
```

ZADD 命令用来向有序集合中加入一个元素的分数和该元素，如果该元素已经存在则会用新的分数替换原有的分数。ZADD 命令的返回值是新加入集合中的元素个数（不包含之前已经存在的元素）。

假设我们用有序集合模拟计分板，现在要记录 Tom、Peter 和 David 3 名运动员的分数（分别是 89 分、67 分和 100 分）：

```
redis> ZADD scoreboard 89 Tom 67 Peter 100 David
(integer) 3
```

此时，我们发现 Peter 的分数录入有误，实际的分数应该是 76 分，这里可以用 ZADD 命令修改 Peter 的分数：

```
redis> ZADD scoreboard 76 Peter
(integer) 0
```

分数不仅可以是整数，还支持双精度浮点数：

```
redis> ZADD testboard 17E+307 a
(integer) 1
redis> ZADD testboard 1.5 b
(integer) 1
redis> ZADD testboard +inf c
(integer) 1
redis> ZADD testboard -inf d
(integer) 1
```

其中，+inf 和-inf 分别表示正无穷和负无穷。

2.　获取元素的分数

```
ZSCORE key member
```

示例如下：

```
redis> ZSCORE scoreboard Tom
"89"
```

3. 获取排名在某个范围内的元素列表

```
ZRANGE key start stop [WITHSCORES]

ZREVRANGE key start stop [WITHSCORES]
```

ZRANGE 命令会按照元素分数从小到大的顺序返回索引在 start～stop 范围内的所有元素（包含两端的元素）。ZRANGE 命令与 LRANGE 命令十分相似，例如索引都是从 0 开始，负数代表从后向前查找（−1 表示最后一个元素）。就像这样：

```
redis> ZRANGE scoreboard 0 2
1) "Peter"
2) "Tom"
3) "David"
redis> ZRANGE scoreboard 1 -1
1) "Tom"
2) "David"
```

如果需要同时获取元素的分数的话，可以在 ZRANGE 命令的尾部加上 WITHSCORES 参数，此时返回的数据格式就从"元素 1, 元素 2, …, 元素 n"变为了"元素 1, 分数 1, 元素 2, 分数 2, …, 元素 n, 分数 n"，例如：

```
redis> ZRANGE scoreboard 0 -1 WITHSCORES
1) "Peter"
2) "76"
3) "Tom"
4) "89"
5) "David"
6) "100"
```

ZRANGE 命令的时间复杂度为 $O(\log(n)+m)$，其中 n 为有序集合的基数，m 为返回的元素个数。

如果两个元素的分数相同，Redis 会按照字典顺序（即"0" < "9" < "A" < "Z" < "a" < "z" 这样的顺序）来进行排列。再进一步，如果元素的值是中文该怎么处理呢？答案是取决于中文的编码方式，如使用 UTF-8 编码：

```
redis> ZADD chineseName 0 马华 0 刘墉 0 司马光 0 赵哲
(integer) 4
redis> ZRANGE chineseName 0 -1
1) "\xe5\x88\x98\xe5\xa2\x89"
2) "\xe5\x8f\xb8\xe9\xa9\xac\xe5\x85\x89"
3) "\xe8\xb5\xb5\xe5\x93\xb2"
4) "\xe9\xa9\xac\xe5\x8d\x8e"
```

可见此时 Redis 依然按照字典顺序排列这些元素。

ZREVRANGE 命令和 ZRANGE 的唯一不同在于 ZREVRANGE 命令是按照元素分数从大到小的顺序给出结果的。

4. 获取指定分数范围内的元素

```
ZRANGEBYSCORE key min max [WITHSCORES] [LIMIT offset count]
```

ZRANGEBYSCORE 命令参数虽然多，但是都很好理解。该命令按照元素分数从小到大的顺序返回分数在 *min* 和 *max* 之间（包含 *min* 和 *max*）的元素：

```
redis> ZRANGEBYSCORE scoreboard 80 100
1) "Tom"
2) "David"
```

如果希望分数范围不包含端点值，可以在分数前加上 "("。例如，希望返回 80 分～100 分的数据，可以含 80 分，但不包含 100 分，则稍微修改一下上面的命令即可：

```
redis> ZRANGEBYSCORE scoreboard 80 (100
1) "Tom"
```

min 和 *max* 还支持无穷大，同 ZADD 命令一样，-inf 和+inf 分别表示负无穷和正无穷。例如你希望得到所有分数高于 80 分（不包含 80 分）的人的名单，但你不知道最高分是多少（虽然有些背离现实，但是为了叙述方便，这里假设可以获得的分数是无上限的），此时就可以用上+inf 了：

```
redis> ZRANGEBYSCORE scoreboard (80 +inf
1) "Tom"
2) "David"
```

WITHSCORES 参数的用法与 ZRANGE 命令一样，不再赘述。

了解 SQL 语句的读者对 LIMIT *offset count* 命令应该很熟悉，在此命令中 LIMIT *offset count* 与 SQL 语句中的用法基本相同，即在获取的元素列表的基础上向后偏移 *offset* 个元素，并且只获取前 *count* 个元素。为了便于演示，我们先向 scoreboard 键中再增加一些元素：

```
redis> ZADD scoreboard 56 Jerry 92 Wendy 67 Yvonne
(integer) 3
```

现在 scoreboard 键中的所有元素为：

```
redis> ZRANGE scoreboard 0 -1 WITHSCORES
1) "Jerry"
2) "56"
3) "Yvonne"
4) "67"
5) "Peter"
6) "76"
```

```
 7) "Tom"
 8) "89"
 9) "Wendy"
10) "92"
11) "David"
12) "100"
```

想获取分数高于 60 分的从第二个人开始的 3 个人：

```
redis> ZRANGEBYSCORE scoreboard 60 +inf LIMIT 1 3
1) "Peter"
2) "Tom"
3) "Wendy"
```

那么，如果想获取分数低于或等于 100 分的前 3 个人应该怎么办呢？此时可以借助 ZREVRANGEBYSCORE 命令实现。对照前文提到的 ZRANGE 命令和 ZREVRANGE 命令之间的关系，相信读者很容易能明白 ZREVRANGEBYSCORE 命令的功能。需要注意的是，ZREVRANGEBYSCORE 命令不仅是按照元素分数从大到小的顺序给出结果的，而且它的 min 和 max 参数的顺序和 ZRANGEBYSCORE 命令是相反的。就像这样：

```
redis> ZREVRANGEBYSCORE scoreboard 100 0 LIMIT 0 3
1) "David"
2) "Wendy"
3) "Tom"
```

5. 增加某个元素的分数

```
ZINCRBY key increment member
```

ZINCRBY 命令可以增加一个元素的分数，返回值是更改后的分数。例如，想给 Jerry 加 4 分：

```
redis> ZINCRBY scoreboard 4 Jerry
"60"
```

increment 也可以是负数，表示减分。例如，给 Jerry 减 4 分：

```
redis> ZINCRBY scoreboard -4 Jerry
"56"
```

如果指定的元素不存在，Redis 在执行命令前会先建立它并将它的分数赋为 0 再执行操作。

3.6.3 实践

1. 实现按访问量排序

要按照文章的访问量（即点击量）排序，就必须再额外使用一个有序集合类型键来实现。在这个键中以文章的 ID 作为元素，以该文章的访问量作为该元素的分数。将该键命名为 posts:page.view，每次用户访问一篇文章时，博客系统就通过 ZINCRBY posts:page.view 1 文章 ID 更新访问量。

需要按照访问量的排序显示文章列表时，有序集合的用法与列表的用法大同小异：

```
$postsPerPage = 10
$start = ($currentPage - 1) * $postsPerPage
$end = $currentPage * $postsPerPage - 1
$postsID = ZREVRANGE posts:page.view, $start, $end

for each $id in $postsID
  $postData = HGETALL post:$id
  print 文章标题: $postData.title
```

另外，3.2 节介绍过使用字符串类型键 post:文章 ID:page.view 来记录单篇文章的访问量，现在这个键已经不需要了，想要获得某篇文章的访问量，可以通过 ZSCORE posts:page.view 文章 ID 来实现。

2. 改进按时间排序

3.4 节介绍过，每次发布新文章时，都将文章的 ID 加入名为 posts:list 的列表类型键中，以获取按照时间顺序排列的文章列表。但是由于列表类型更改元素的顺序比较麻烦，而如今不少博客系统都支持更改文章的发布时间，因此为了让小白的博客系统同样支持该功能，我们需要一个新的方案来实现按照时间顺序排列文章的功能。

为了能够自由地更改文章发布时间，可以采用有序集合类型代替列表类型。自然，元素仍然是文章的 ID，而此时元素的分数则是文章发布的 Unix 时间[①]。通过修改元素对应的分数就可以达到更改时间的目的。

另外，借助 ZREVRANGEBYSCORE 命令还可以轻松获得指定时间范围内的文章列表，借助这个功能可以实现类似于 WordPress 的按月份查看文章的功能。

3.6.4 命令拾遗

1. 获得集合中元素的数量

```
ZCARD key
```

例如：

```
redis> ZCARD scoreboard
(integer) 6
```

---

① Unix 时间指 UTC 时间 1970 年 1 月 1 日 0 时 0 分 0 秒起至现在的总秒数（不包括闰秒）。为什么是 1970 年呢？因为 Unix 在 1970 年左右诞生。

2. 获得指定分数范围内的元素个数

```
ZCOUNT key min max
```

例如：

```
redis> ZCOUNT scoreboard 90 100
(integer) 2
```

ZCOUNT 命令的 *min* 和 *max* 参数的特性与 ZRANGEBYSCORE 命令中的一样：

```
redis> ZCOUNT scoreboard (89 +inf
(integer) 2
```

3. 删除一个或多个元素

```
ZREM key member [member ...]
```

ZREM 命令的返回值是成功删除的元素个数（不包含本来就不存在的元素）。

```
redis> ZREM scoreboard Wendy
(integer) 1
redis> ZCARD scoreboard
(integer) 5
```

4. 按照排名范围删除元素

```
ZREMRANGEBYRANK key start stop
```

ZREMRANGEBYRANK 命令按照元素分数从小到大的顺序（即索引 0 表示最小的值）删除处在指定排名范围内的所有元素，并返回删除的元素个数。如：

```
redis> ZADD testRem 1 a 2 b 3 c 4 d 5 e 6 f
(integer) 6
redis> ZREMRANGEBYRANK testRem 0 2
(integer) 3
redis> ZRANGE testRem 0 -1
1) "d"
2) "e"
3) "f"
```

5. 按照分数范围删除元素

```
ZREMRANGEBYSCORE key min max
```

ZREMRANGEBYSCORE 命令会删除指定分数范围内的所有元素，参数 *min* 和 *max* 的特性和 ZRANGEBYSCORE 命令中的一样。返回值是删除的元素个数。如：

```
redis> ZREMRANGEBYSCORE testRem (4 5
(integer) 1
redis> ZRANGE testRem 0 -1
```

```
1) "d"
2) "f"
```

6. 获得元素的排名

```
ZRANK key member

ZREVRANK key member
```

ZRANK 命令会按照元素分数从小到大的顺序获取指定的元素的排名（从 0 开始，即分数最小的元素排名为 0）。如：

```
redis> ZRANK scoreboard Peter
(integer) 0
```

ZREVRANK 命令则相反（分数最大的元素排名为 0）：

```
redis> ZREVRANK scoreboard Peter
(integer) 4
```

7. 计算有序集合的交集

```
ZINTERSTORE destination numkeys key [key ...] [WEIGHTS weight [weight ...]] [AGGREGATE
SUM|MIN|MAX]
```

ZINTERSTORE 命令用来计算多个有序集合的交集并将结果存储在 *destination* 键中（同样以有序集合类型存储），其返回值为 *destination* 键中的元素个数。

destination 键中元素的分数是由 AGGREGATE 参数决定的。

（1）当 AGGREGATE 是 SUM 时（也就是默认值），*destination* 键中元素的分数是每个参与计算的集合中该元素分数的和。例如：

```
redis> ZADD sortedSets1 1 a 2 b
(integer) 2
redis> ZADD sortedSets2 10 a 20 b
(integer) 2
redis> ZINTERSTORE sortedSetsResult 2 sortedSets1 sortedSets2
(integer) 2
redis> ZRANGE sortedSetsResult 0 -1 WITHSCORES
1) "a"
2) "11"
3) "b"
4) "22"
```

（2）当 AGGREGATE 是 MIN 时，*destination* 键中元素的分数是每个参与计算的集合中该元素分数的最小值。例如：

```
redis> ZINTERSTORE sortedSetsResult 2 sortedSets1 sortedSets2 AGGREGATE MIN
(integer) 2
redis> ZRANGE sortedSetsResult 0 -1 WITHSCORES
1) "a"
```

```
2) "1"
3) "b"
4) "2"
```

（3）当 AGGREGATE 是 MAX 时，*destination* 键中元素的分数是每个参与计算的集合中该元素分数的最大值。例如：

```
redis> ZINTERSTORE sortedSetsResult 2 sortedSets1 sortedSets2 AGGREGATE MAX
(integer) 2
redis> ZRANGE sortedSetsResult 0 -1 WITHSCORES
1) "a"
2) "10"
3) "b"
4) "20"
```

ZINTERSTORE 命令还能够通过 WEIGHTS 参数设置每个集合的权重，每个集合在参与计算时元素的分数会被乘以该集合的权重。例如：

```
redis> ZINTERSTORE sortedSetsResult 2 sortedSets1 sortedSets2 WEIGHTS 1 0.1
(integer) 2
redis> ZRANGE sortedSetsResult 0 -1 WITHSCORES
1) "a"
2) "2"
3) "b"
4) "4"
```

还有一条命令与 ZINTERSTORE 命令的用法一样，该命令名为 ZUNIONSTORE，它的功能是计算集合间的并集，这里不再赘述。

3.7 流类型

刚刚介绍完有序集合类型，还没有等小白回过味来，宋老师就向小白提了一个问题：

> 介绍了这么多数据类型和它们的命令，现在我来考考你吧！

小白心头一紧，这可是宋老师第一次主动向他提问题，于是不及回想刚才的知识点，马上认真地竖起了耳朵。

> 如果现在让你实现一个访客列表功能，记录每个访客的 IP 地址和浏览器 User Agent，并且要求这个访客列表可以支持按时间范围查找访客记录，基于 Redis 的话你会怎么做呢？

小白几乎没有思考，脱口而出：

> 有序集合！刚刚学过的。

宋老师嘴角扬了一下，又望着小白，显然在等着更详细的答案。

要用一个有序集合类型键，以及若干哈希类型键。每次有访客时，随机生成一个访客记录的唯一 ID，然后用 **ZADD** 将 ID 添加到有序集合类型键中，分数是当前时间。同时对应这个唯一 ID 再建立一个哈希类型键，用来存储 IP 地址和 User Agent。这样查询的话，可以用 **ZRANGEBYSCORE** 来根据时间范围获取访客记录的 ID 列表，然后用 **HGETALL** 来获取对应的内容。

宋老师点点头，说：

没错，非常好。看来你已经逐渐融会贯通了！不过下面我要介绍最后一种数据类型——流类型，可以更简单高效地实现这个功能。

3.7.1　介绍

流类型（stream）是 Redis 5.0 推出的新的数据类型。这个类型的推出是作为列表、有序列表以及 4.4 节会介绍的"发布/订阅"模式的补充。也正因如此，流类型或多或少地带有一些列表、有序列表和"发布/订阅"模式的特性，同时又有一些不同的地方。

流类型可以理解成对日志格式的抽象。下面是一个 NGINX 的访问日志：

```
[17/May/2021:08:05:32] 193.180.71.3 "GET /product_1" 304 "Debian APT-HTTP/1.3"
[17/May/2021:08:05:23] 193.180.71.3 "GET /product_1" 200 "Debian APT-HTTP/1.3"
[17/May/2021:08:05:24] 180.191.33.1 "GET /product_1" 304 "Debian APT-HTTP/1.3"
[17/May/2021:08:05:34] 217.168.17.5 "GET /product_1" 200 "Debian APT-HTTP/1.3"
[17/May/2021:08:05:09] 217.168.17.5 "GET /product_2" 200 "Debian APT-HTTP/1.3"
[17/May/2021:08:05:57] 193.180.71.3 "GET /product_1" 304 "Debian APT-HTTP/1.3"
[17/May/2021:08:05:02] 217.168.17.5 "GET /product_2" 404 "Debian APT-HTTP/1.3"
```

从中可以总结出日志的以下两个特性。

（1）仅在末尾追写（Append-only）。由于日志都和时间相关，因此随着事件的发生，将事件内容和时间一起记录在日志中。因为时间都是单调递增的，所以相应的写入模式就是仅在末尾追写。

（2）每一条记录都包含了多个结构化的信息。例如这里的访问日志包含了 IP 地址、访问的网址、响应状态码和 User Agent 等信息。

Redis 的流类型继承了这些特性。用我们之前学的列表类型来比较，流类型与列表类型的相同点是都可以在列表（或流）的末尾追加内容，而对应上面我们提到的两个特性，流类型与列表类型的不同点如下。

（1）列表类型可以在头部和中间插入内容，而日志没有类似的需求，所以流类型也只支持在末尾追加内容[①]。不过流类型比列表类型强大的是，在插入一个新条目时可以自动为其生成一个在流中的唯一 ID（类似于日志的行号）。这个 ID 可以用来进行查询等操作，本

[①] 2019 年 Redis 的作者曾经考虑过让流类型支持在流的中间插入内容，但是截至本书出版，这个特性还没有支持。

书后面会详细介绍。

（2）之前学习过，列表类型的每个条目只能是一个字符串。类似的还有哈希类型的字段值和有序集合类型的值，它们也都只能是字符串。而流类型的每个条目都可以是若干键值对，可以方便我们结构化地存储日志的详情。例如，对于 NGINX 的访问日志，我们可以用键值对分别存储 IP 地址、访问的网址等信息。

此外，流类型的另一个重要用途是作为消息中间件[①]使用。这一部分会在 4.4 节中详细介绍。

3.7.2 命令

1. 增加条目

```
XADD key [MAXLEN [=|~] threshold] *|ID field value [field value ...]
```

作为唯一一个用来向流中增加条目的命令，XADD 命令可以分成两部分：第一部分用来向流中插入新条目，第二部分（上述命令定义中 MAXLEN 所在的指令组）类似 LTRIM 命令，用来要求流最多只保持指定数量的条目。其中，第二部分是可选的。

只看第一部分的话，只需要提供键名、条目 ID 以及若干字段和对应的字段值。例如：

```
redis> XADD nginxLogs * IP 193.180.71.3 status 200
"1616919370007-0"
```

这个示例指明了键名 nginxLogs，并添加了一个包含 IP 和 status 这两个字段的条目。需要单独说明的是命令中的第二个参数 "*"，在介绍这个参数前，我们先看一下这条命令的返回值："1616919370007-0"。3.7.1 节介绍过，流中的每个条目都会有唯一的 ID。这个返回值就是通过 XADD 命令新增的条目的 ID。它的格式是：

```
<millisecondsTime>-<sequenceNumber>
```

以 "-" 分隔的前半部分是增加这条记录时 Redis 服务器的时间戳（即从 UTC 时间 1970 年 1 月 1 日到现在的时间数值，以毫秒为单位）。这一部分保证在不同毫秒插入的条目具有不同的 ID。那么，如果两个条目在同一毫秒插入呢？这个时候后半部分的序列号就派上用场了，在同一毫秒插入的条目会具有不同的序列号，如 "1616920548205-0" 和 "1616920548205-1"。因为序列号在同一毫秒内是递增的，所以才能保证依据条目增加的先后顺序其 ID 不同，后加入的条目的 ID 一定比之前加入的条目的 ID 大。

了解了条目的 ID 后，下面来介绍命令中的 "*"。通过命令定义我们知道，第二个参

---

① 有趣的是，流类型作为消息中间件使用时非常方便和强大，以至于几乎所有文章介绍流类型时都是基于消息中间件的场景来介绍它，而忽视了它作为数据类型的本身特性。Redis 的作者曾经专门写了一篇文章描述这个事情，觉得只关注消息中间件的场景会限制流类型的使用。因此，本书从数据结构本身的用途开始介绍流类型，并在 4.4 节扩展介绍其如何作为消息中间件来使用。

数既可以是"*"，也可以是 ID。这个参数的含义是新增加的条目的主键，在绝大多数时候，我们只需要 Redis 帮我们按照上面的规则自动生成一个就可以了，此时用"*"代替具体的 ID，然后根据返回值就可以知道自动生成的 ID 是什么了。

在一些很特殊的场景下，用户可能会需要指定 ID。这种需求的出现大多是因为系统中存在多个组件（如 Redis 和 MySQL），用户希望 Redis 和 MySQL 对于同样的条目的 ID 是相同的。不过需要注意的是，因为流类型只支持在末尾追加，所有的 ID 都是单调递增的，所以如果指定的 ID 小于或等于流中最后一个条目的 ID 时，Redis 就会报错：

```
redis> XADD demo-incr * f v
"1616949246302-0"
redis> XADD demo-incr 2-0 f v
(error) ERR The ID specified in XADD is equal or smaller than the target stream top item
```

接下来我们再看看 XADD 命令的第二部分。第二部分与后面会介绍的 XTRIM 命令相近，用来防止流中的条目无限增多。例如：

```
redis> XADD demo-incr MAXLEN 100 * f v
"1616949261604-0"
```

这里的 MAXLEN 100 的意思是插入条目后只保留最近的 100 个条目，将比最近的 100 个条目更早的条目都删除。此外，MAXLEN 还支持修饰符"~"，其含义是近似裁剪。如：

```
redis> XADD demo-incr MAXLEN ~ 100 * f v
"1616949270888-0"
```

这个修饰符表示不需要精确地保留 100 个条目，而是可以略微多一些。Redis 之所以提供这个修饰符，是因为考虑到流类型的内部实现所使用的数据结构，想要精确地保留指定个数的条目的性能开销相比于近似保留指定个数的条目要更大一些。考虑到一般不需要很精确地对流中条目个数进行修剪，所以建议在需要使用 MAXLEN 参数的大多数场景中都带上"~"修饰符来提升性能。

2. 根据 ID 来按范围查询条目

XRANGE *key start end* [COUNT *count*]

XRANGE 命令提供根据两个条目 ID 来查找它们之间的条目列表的方法。因为条目 ID 是由时间戳组成的，所以这条命令可以让我们查询某个时间范围内的条目列表。

```
redis> XRANGE demo-incr 1616949246302-0 1616949270888-0
1) 1) "1616949246302-0"
   2) 1) "f"
      2) "v"
2) 1) "1616949261604-0"
   2) 1) "f"
      2) "v"
3) 1) "1616949270888-0"
```

```
  2) 1) "f"
     2) "v"
```

另外，在查询时可以省略序列号部分，而只提供时间戳。XRANGE 命令会为起始时间戳补上"0"，为终止时间戳补上"18446744073709551615"（最大的序列号）。这样使得返回的结果会包含这两个时间戳之间的所有条目。

此外，XRANGE 命令提供了两个特殊的 ID "−"和"+"，分别用来表示最小 ID 和最大 ID。所以当想要获取一个流的所有条目时，可以使用 XRANGE key − +。

当不需要获取所有条目时，可以提供 COUNT 参数来限制返回结果的个数。如：

```
redis> XRANGE demo-incr 1616949246302-0 1616949270888-0 COUNT 1
1) 1) "1616949246302-0"
   2) 1) "f"
      2) "v"
```

3.7.3 实践

1. 存储访客记录

3.7.2 节介绍过流类型在每次插入时会自动生成一个由时间戳组成的唯一主键，所以在存储访客列表时，我们只需要关心要插入的内容，而不需要额外记录访问时间。而且相比于使用有序集合类型和哈希类型两个键来存储，借助流类型对键值对的支持，对于一条访客记录，我们只需要一个键即可存储。使用有序集合类型和哈希类型键来存储访客记录的伪代码如下：

```
$recordId = generateRandomId()
$timestamp = now()
ZADD visitorList, $timestamp, $recordId
HSET visitorList:$recordId, ua, $ua, ip, $ip
```

相应地，使用流类型存储的话只需要一行代码：

```
XADD visitorList * ua $ua ip $ip
```

此外，流类型的内部数据结构能够非常高效地利用内存。例如在一般的使用场景中，每一条记录的键值对结构都是相同的（上面的例子中，每个记录都包含了 ua 和 ip 这两个键值对），流类型会对相同结构的键名进行压缩，所以不需要为每条记录存储这个结构。

按照上面这两段伪代码进行测试，分别存储 100 万条访客记录后，两者的内存占用情况为：

有序集合+哈希类型：220.47 MB；

流类型：21.10 MB。

2. 按时间范围查询访客记录

因为主键中已经包含了时间戳，所以根据时间范围查询访客记录时只需要使用 XRANGE 命令。注意，可以使用 3.7.2 节介绍的省略序列号的方法，只提供时间戳即可。这里不再赘述。

3.7.4 命令拾遗

1. 删除指定元素

```
XDEL key ID [ID...]
```

XDEL 命令可以根据指定的 ID 来删除流中的某些元素，并返回被删除的元素的个数，即除去本来就不在流中的元素的数量。例如：

```
redis> XADD test-del * a 1
"1617514643880-0"
redis> XADD test-del * a 2
"1617514647413-0"
redis> XADD test-del * a 3
"1617514649260-0"
redis> XDEL test-del 1617514647413-0 1-1
(integer) 1
redis> XRANGE test-del - +
1) 1) "1617514643880-0"
   2) 1) "a"
      2) "1"
2) 1) "1617514649260-0"
   2) 1) "a"
      2) "3"
```

2. 裁剪流

```
XTRIM key MAXLEN [=|~] threshold
```

XTRIM 命令相当于把 XADD 中的裁剪功能提取出来了，所以用法也和 XADD 的 MAXLEN 参数相同，返回值是被删除的条目的数量。例如：

```
redis> XADD test-trim * a 1
"1617515149938-0"
redis> XADD test-trim * a 2
"1617515151648-0"
redis> XADD test-trim * a 3
"1617515153449-0"
redis> XTRIM test-trim MAXLEN 2
(integer) 1
```

```
redis> XRANGE test-trim - +
1) 1) "1617515151648-0"
   2) 1) "a"
      2) "2"
2) 1) "1617515153449-0"
   2) 1) "a"
      2) "3"
```

3. 获取流的长度

XLEN *key*

XLEN 会返回一个流的条目个数。例如：

```
redis> XADD test-len * a 1
"1617515149938-0"
redis> XADD test-len * a 2
"1617515151648-0"
redis> XADD test-len * a 3
"1617515153449-0"
redis> XLEN test-len
(integer) 3
```

4. 根据反向 ID 按范围查询条目

XREVRANGE *key end start* [COUNT *count*]

XREVRANGE 命令和 XRANGE 命令类似，只不过前者获取的条目是逆序的。此外 XREVRANGE 命令也需要查询参数的起止 ID 并反向提供，如 XREVRANGE streamkey + -，具体用法这里不再赘述。

第 4 章

进阶

没过几天，小白就完成了博客系统的开发并将其部署上线。之后的一段时间，小白又使用 Redis 开发了几个程序，用得还算顺手，便没有继续向宋老师请教 Redis 的更多知识。直到一个月后的一天，宋老师偶然访问了小白的博客……

本章将会带领读者继续探索 Redis，了解 Redis 的事务、排序、消息通知与管道等功能，并且还会详细地介绍如何优化 Redis 的存储空间。

4.1 事务

傍晚时候，忙完了一天的教学工作，宋老师坐在办公室的电脑前开始为明天的课程做准备。尽管有着近 5 年的教学经验，可是宋老师依然习惯在备课时写一份简单的教案。正在网上查找资料时，他突然在浏览器的历史记录里看到了小白的博客。心想："不知道他的博客怎么样了？"

于是宋老师点进了小白的博客，页面刚加载完他就被博客最下面的一行大得夸张的文字吸引了："Powered by Redis"。宋老师笑了笑，接着就看到了小白的博客中最新的一篇文章：

> **标题：** 使用 Redis 来存储微博中的用户关系
>
> **正文：** 在微博中，用户之间是"关注"和"被关注"的关系。如果要使用 Redis 存储这样的关系，可以使用集合类型。思路是对每个用户使用两个集合类型键，分别命名为"user:用户 *ID*:followers"和"user:用户 *ID*:following"，用来存储关注该用户的用户集合和该用户关注的用户集合。

```
def follow($currentUser, $targetUser)
    SADD user:$currentUser:following, $targetUser
    SADD user:$targetUser:followers, $currentUser
```

例如 ID 为 1 的用户 A 想关注 ID 为 2 的用户 B，只需要执行 follow(1, 2)。然而，
在实现该功能的时候我发现了一个问题，完成关注操作需要依次执行两条 Redis 命令，
如果在第一条命令执行完后因为某种原因第二条命令没有执行，就会出现一个奇怪的
现象：A 查看自己关注的用户列表时会发现其中有 B，而 B 查看关注自己的用户列表
时却没有 A。换句话说就是，A 虽然关注了 B，却不是 B 的"粉丝"。真糟糕，A 和 B
都会对这个网站失望的！但愿不会出现这种情况。

宋老师看到此处，笑得合不拢嘴，把备课的事抛到了脑后。心想："看来有必要给小白
传授一些进阶的知识。"他给小白写了一封电子邮件：

其实可以使用 Redis 的事务来解决这一问题。

4.1.1　概述

Redis 中的事务（transaction）是一组命令的集合。事务同命令一样都是 Redis 的最小
执行单位，一个事务中的命令要么都执行，要么都不执行。事务的应用非常普遍，例如银
行转账过程中 A 给 B 汇款，首先系统从 A 的账户中将钱划走，然后向 B 的账户增加相应
的金额。这两个步骤必须属于同一个事务，要么全执行，要么全不执行。否则只执行第一
步会导致钱凭空消失，这显然让人无法接受。

事务的原理是先将属于一个事务的命令发送给 Redis，然后再让 Redis 依次执行这些命
令。例如：

```
redis> MULTI
OK
redis> SADD "user:1:following" 2
QUEUED
redis> SADD "user:2:followers" 1
QUEUED
redis> EXEC
1) (integer) 1
2) (integer) 1
```

上面的代码演示了事务的使用方式。首先使用 MULTI 命令告诉 Redis："下面我发送给
你的命令属于同一个事务，你先不要执行，而是把它们暂时存起来。"Redis 回答："OK。"

而后我们发送了两条 SADD 命令来实现关注和被关注操作，可以看到 Redis 遵守了承
诺，没有执行这些命令，而是返回 QUEUED 表示这两条命令已经进入等待执行的事务队列

中了。

当把所有要在同一个事务中执行的命令都发送给 Redis 后，我们使用 EXEC 命令告诉 Redis 将等待执行的事务队列中的所有命令（即刚才所有返回 QUEUED 的命令）按照发送顺序依次执行。EXEC 命令的返回值就是这些命令的返回值组成的列表，返回值顺序和命令的顺序相同。

Redis 保证一个事务中的所有命令要么都执行，要么都不执行。如果在发送 EXEC 命令前客户端断线了，则 Redis 会清空事务队列，事务中的所有命令都不会执行。而一旦客户端发送了 EXEC 命令，所有的命令就都会被执行，即使此后客户端断线也没关系，因为 Redis 中已经记录了所有要执行的命令。

除此之外，Redis 的事务还能保证一个事务内的命令依次执行而不被其他命令插入。试想客户端 A 需要执行几条命令，同时客户端 B 发送了一条命令，如果不使用事务，则客户端 B 的命令可能会插入客户端 A 的几条命令中间执行。如果不希望发生这种情况，也可以使用事务。

4.1.2　错误处理

有些读者会有疑问，如果一个事务中的某条命令执行出错，Redis 会怎样处理呢？要回答这个问题，首先需要知道什么原因会导致命令执行出错。

（1）语法错误。语法错误指命令不存在或者命令参数的个数不对。例如：

```
redis> MULTI
OK
redis> SET key value
QUEUED
redis> SET key
(error) ERR wrong number of arguments for 'set' command
redis> ERRORCOMMAND key
(error) ERR unknown command 'ERRORCOMMAND'
redis> EXEC
(error) EXECABORT Transaction discarded because of previous errors.
```

跟在 MULTI 命令后执行了 3 条命令：一条是正确的命令，其成功地加入事务队列；其余两条命令都有语法错误。而只要有一条命令有语法错误，执行 EXEC 命令后 Redis 就会直接返回错误消息，即使语法正确的命令也不会执行。

> **版本差异**　Redis 2.6.5 之前的版本会忽略有语法错误的命令，然后执行事务中其他语法正确的命令。就此例而言，SET key value 会被执行，EXEC 命令会返回一个结果：
>
> ```
> 1) OK
> ```

（2）运行错误。运行错误指在执行命令时出现的错误，例如使用哈希类型的命令操作集合类型键，这种错误在实际执行之前 Redis 是无法发现的，所以在事务里这样的命令是会被 Redis 接受并执行的。如果事务里的一条命令出现了运行错误，事务里其他的命令依然会继续执行（包括出错命令之后的命令），示例如下：

```
redis> MULTI
OK
redis> SET key 1
QUEUED
redis> SADD key 2
QUEUED
redis> SET key 3
QUEUED
redis> EXEC
1) OK
2) (error) WRONGTYPE Operation against a key holding the wrong kind of value
3) OK
redis> GET key
"3"
```

可见虽然 SADD key 2 出现了错误，但是 SET key 3 依然执行了。

Redis 的事务没有关系数据库事务提供的回滚（rollback）[①]功能。为此开发者必须在事务执行出错后自己收拾剩下的摊子（将数据库复原回事务执行前的状态等）。

不过 Redis 不支持回滚功能，也使得 Redis 在事务上可以保持简洁和快速。另外，回顾刚才提到的会导致事务执行失败的两种错误，其中语法错误完全可以在开发时找出并解决，另外如果能够很好地规划数据库（保证键名规范等）的使用，是不会出现如命令与数据类型不匹配这样的运行错误的。

4.1.3　WATCH 命令

我们已经知道在一个事务中只有所有命令都依次执行完毕后才能得到每个结果的返回值，可是有些情况下需要先获取一条命令的返回值，再根据这个值执行下一条命令。例如介绍 INCR 命令时我曾经说过使用 GET 和 SET 命令自己实现 incr() 函数会出现竞态条件，伪代码如下：

```
def incr($key)
    $value = GET $key
    if not $value
            $value = 0
    $value = $value + 1
    SET $key, $value
    return $value
```

---

① 事务回滚是指撤销一个事务已经完成的对数据库的修改操作。

　　肯定会有很多读者想到可以用事务来实现 incr() 函数,以防止出现竞态条件,可是因为事务中的每条命令的执行结果都是最后一起返回的,所以无法将前一条命令的结果作为下一条命令的参数,即在执行 SET 命令时无法获取 GET 命令的返回值,也就无法做到增 1 的功能。

　　为了解决这个问题,我们需要换一种思路。即在 GET 命令获取键值后保证该键值不被其他客户端修改,直到函数执行完毕后才允许其他客户端修改该键键值,这样也可以防止出现竞态条件。要实现这一思路需要请出事务家族的另一位成员:WATCH。WATCH 命令可以监控一个或多个键,一旦其中有一个键被修改(或删除),之后的事务就不会执行。监控一直持续到 EXEC 命令(事务中的命令是在 EXEC 命令之后才执行的,所以在 MULTI 命令后可以修改 WATCH 命令监控的键值),例如:

```
redis> SET key 1
OK
redis> WATCH key
OK
redis> SET key 2
OK
redis> MULTI
OK
redis> SET key 3
QUEUED
redis> EXEC
(nil)
redis> GET key
"2"
```

　　上例中在 WATCH 命令执行后、事务执行前修改了 key 的值(即 SET key 2),所以最后事务中的命令 SET key 3 没有执行,EXEC 命令返回空结果。

　　学会了 WATCH 命令就可以通过事务自己实现 incr() 函数了,伪代码如下:

```
def incr($key)
    WATCH $key
    $value = GET $key
     if not $value
        $value = 0
     $value = $value + 1
    MULTI
    SET $key, $value
        result = EXEC
    return result[0]
```

　　因为 EXEC 命令的返回值是多行字符串类型,所以代码中使用 result[0] 来获取其中第一个结果。

> **提示**　由于 WATCH 命令的作用只是在被监控的键值被修改后阻止之后一个事务的执行,而不能保证其他客户端不修改这一键值,因此我们需要在 EXEC 命令执行失败后重新运行整个函数。

执行 EXEC 命令后会取消对所有键的监控，如果不想执行事务中的命令，也可以使用 UNWATCH 命令来取消监控。例如，我们要实现 hsetxx() 函数，其作用与 HSETNX 命令类似，只不过仅当字段存在时才赋值。为了避免出现竞态条件，我们使用事务来完成这一功能：

```
def hsetxx($key, $field, $value)
    WATCH $key
    $isFieldExists = HEXISTS $key, $field
    if $isFieldExists is 1
        MULTI
        HSET $key, $field, $value
        EXEC
    else
        UNWATCH
    return $isFieldExists
```

在代码中会判断要赋值的字段是否存在，如果字段不存在的话就不执行事务中的命令，但需要使用 UNWATCH 命令来保证下一个事务的执行不会受到影响。

4.2 过期时间

第二天早上宋老师就收到了小白的回信，内容基本上都是一些表示感谢的话。宋老师又看了一下小白发的那篇文章，发现他已经在文末补充了使用事务来解决竞态条件的方法。

宋老师点击了评论链接想发表评论，却看到博客出现了错误"请求超时"（Request timeout）。宋老师疑惑了一下，准备稍后再访问看看，就接着忙别的事情了。

没过一会儿，宋老师就收到了一封小白发来的邮件：

> 宋老师您好！我的博客最近经常无法访问，我看了日志后发现是因为某个搜索引擎爬虫访问得太频繁，加上本来我的服务器性能就不太好，很容易资源就被占满了。请问有没有方法可以限定每个 IP 地址每分钟最大的访问次数呢？

宋老师这才明白为什么刚才小白的博客请求超时了，于是放下了手头的事情开始继续给小白介绍 Redis 的更多功能……

4.2.1 命令

在实际的开发中，我们经常会遇到一些有时效性的数据，如限时优惠活动、缓存或验证码等，过了一定的时间就需要删除这些数据。在关系数据库中，一般需要用一个额外的字段记录过期时间，然后定期检测并删除过期数据。而在 Redis 中可以使用 EXPIRE 命令设置一个键的过期时间，到期后 Redis 会自动删除它。

EXPIRE 命令的使用方法为 EXPIRE `key seconds`，其中 `seconds` 参数表示键的过期时间，单位是秒。例如要想让 session:29e3d 键在 15 分钟后被删除：

```
redis> SET session:29e3d uid1314
OK
redis> EXPIRE session:29e3d 900
(integer) 1
```

EXPIRE 命令返回 1 表示设置成功，返回 0 则表示键不存在或设置失败。例如：

```
redis> DEL session:29e3d
(integer) 1
redis> EXPIRE session:29e3d 900
(integer) 0
```

如果想知道一个键还有多久会被删除，可以使用 TTL 命令。返回值是键的剩余时间（单位是秒）：

```
redis> SET foo bar
OK
redis> EXPIRE foo 20
(integer) 1
redis> TTL foo
(integer) 15
redis> TTL foo
(integer) 7
redis> TTL foo
(integer) -2
```

可见随着时间的推移，foo 键的过期时间逐渐减少，20 秒后 foo 键会被删除。当键不存在时 TTL 命令会返回-2。

那么，没有为键设置过期时间（即永久存在，这是建立一个键后的默认情况）的情况下会返回什么呢？答案是返回-1：

```
redis> SET persistKey value
OK
redis> TTL persistKey
(integer) -1
```

> **版本差异**　在 Redis 2.6 版中，无论键不存在还是键没有过期时间，都会返回-1，直到 2.8 版后这两种情况才会分别返回-2 和-1 两种结果。

如果想清除键的过期时间设置（即将键恢复成永久的），则可以使用 PERSIST 命令。如果过期时间被成功清除则返回 1；否则返回 0（因为键不存在或键本来就是永久的）：

```
redis> SET foo bar
OK
```

```
redis> EXPIRE foo 20
(integer) 1
redis> PERSIST foo
(integer) 1
redis> TTL foo
(integer) -1
```

除了 PERSIST 命令，使用 SET 或 GETSET 命令为键赋值也会同时清除键的过期时间，例如：

```
redis> EXPIRE foo 20
(integer) 1
redis> SET foo bar
OK
redis> TTL foo
(integer) -1
```

使用 EXPIRE 命令会重新设置键的过期时间，就像这样：

```
redis> SET foo bar
OK
redis> EXPIRE foo 20
(integer) 1
redis> TTL foo
(integer) 15
redis> EXPIRE foo 20
(integer) 1
redis> TTL foo
(integer) 17
```

其他只对键值进行操作的命令（如 INCR、LPUSH、HSET、ZREM）均不会影响键的过期时间。

EXPIRE 命令的 *seconds* 参数必须是整数，所以最小单位是 1 秒。如果想要更精确地控制键的过期时间，应该使用 PEXPIRE 命令，PEXPIRE 命令与 EXPIRE 的唯一区别是前者的时间单位是毫秒，即 PEXPIRE *key* 1000 与 EXPIRE *key* 1 等价。相应地，可以用 PTTL 命令以毫秒为单位返回键的剩余时间。

> **提示**　如果使用 WATCH 命令监控了一个具有过期时间的键，该键时间到期自动删除不会被 WATCH 命令认为该键键值被改变。

另外，还有两条相对不太常用的命令：EXPIREAT 和 PEXPIREAT。

EXPIREAT 命令与 EXPIRE 命令的差别在于，前者使用 Unix 时间作为第二个参数表示键的过期时刻。PEXPIREAT 命令与 EXPIREAT 命令的区别是前者的时间单位是毫秒。如：

```
redis> SET foo bar
OK
```

```
redis> EXPIREAT foo 1351858600
(integer) 1
redis> TTL foo
(integer) 142
redis> PEXPIREAT foo 1351858700000
(integer) 1
```

4.2.2 实现访问频率限制之一

回到小白的问题，为了减轻服务器的压力，需要限制每个用户（以 IP 地址计）在一段时间内的最大访问量。与时间有关的操作很容易想到 EXPIRE 命令。

例如要限制每分钟每个用户最多只能访问 100 个页面，思路是对每个用户使用一个名为 rate.limiting:用户 *IP* 的字符串类型键，每次用户访问时使用 INCR 命令递增该键的键值，如果递增后的值是 1（第一次访问页面），则同时还要设置该键的过期时间为 1 分钟。这样每次用户访问页面时都读取该键的键值，如果该键值超过了 100 就表明该用户的访问频率超过了限制，需要提示用户稍后访问。该键每分钟会自动被删除，所以下一分钟用户的访问次数又会重新计算，也就达到了限制访问频率的目的。

上述流程的伪代码如下：

```
$isKeyExists = EXISTS rate.limiting:$IP
if $isKeyExists is 1
    $times = INCR rate.limiting:$IP
    if $times > 100
        print 访问频率超过了限制，请稍后再试。
        exit
else
    INCR rate.limiting:$IP
    EXPIRE $keyName, 60
```

这段代码存在一个不太明显的问题：假如程序运行完倒数第二行代码后突然因为某种原因退出了，未能为该键设置过期时间，那么该键会永久存在，导致使用对应的 IP 地址的用户在管理员手动删除该键前最多只能访问 100 次博客，这是一个很严重的问题。

为了保证建立键和为键设置过期时间一起执行，可以使用 4.1 节的事务功能，修改后的伪代码如下：

```
$isKeyExists = EXISTS rate.limiting:$IP
if $isKeyExists is 1
    $times = INCR rate.limiting:$IP
    if $times > 100
        print 访问频率超过了限制，请稍后再试。
        exit
else
    MULTI
```

```
INCR rate.limiting:$IP
EXPIRE $keyName, 60
EXEC
```

4.2.3　实现访问频率限制之二

事实上，4.2.2 节中的代码仍然有一个问题：如果一个用户在一分钟的第一秒访问了一次博客，在同一分钟的最后一秒访问了 9 次，又在下一分钟的第一秒访问了 10 次，这样的访问是可以通过现在的访问频率限制的，但实际上该用户在 2 秒内访问了 19 次博客，这与每个用户每分钟只能访问 10 次的限制差距较大。尽管这种情况比较极端，但是在一些场景中还是需要粒度更小的控制方案。如果要精确地保证每分钟最多访问 10 次，需要记录下用户每次访问的时间。因此对每个用户，我们使用一个列表类型键来记录他最近 10 次访问博客的时间。一旦键中的元素超过 10 个，就判断时间最早的元素距现在的时间是否小于 1分钟。如果是则表示用户最近 1 分钟的访问次数超过了 10 次；如果不是就将现在的时间加入列表中，同时把最早的元素删除。

上述流程的伪代码如下：

```
$listLength = LLEN rate.limiting:$IP
if $listLength < 10
    LPUSH rate.limiting:$IP, now()
else
    $time = LINDEX rate.limiting:$IP, -1
    if now() - $time < 60
        print 访问频率超过了限制，请稍后再试。
    else
        LPUSH rate.limiting:$IP, now()
        LTRIM rate.limiting:$IP, 0, 9
```

伪代码中 now() 函数的功能是获得当前的 Unix 时间。由于需要记录每次访问的时间，因此当要限制 "A 时间最多访问 B 次" 时，如果 "B" 的数值较大，此方法会占用较多的存储空间，实际使用时还需要开发者自己去权衡。除此之外该方法也会出现竞态条件，同样可以通过脚本功能避免，具体在第 6 章会介绍。

4.2.4　实现缓存

为了提高网站的负载能力，常常需要将一些访问频率较高但是对 CPU 或 I/O 资源消耗较大的操作的结果缓存起来，并希望让这些缓存过一段时间自动过期。例如教务网站要对全校所有学生的各个科目的成绩汇总排名，并在首页上显示前 10 名的学生姓名，因为计算过程较耗资源，所以可以将结果使用一个 Redis 的字符串键缓存起来。学生成绩总在不断地变化，需要每隔两小时就重新计算一次排名，这可以通过给键设置过期时间的方式实现。每次用户访问首页时程序先查询缓存键是否存在，如果存在则直接使用缓存的值；否则重新计算排名并将计算结果赋值给该键，同时设置该键的过期时间为两小时。伪代码如下：

```
$rank = GET cache:rank
if not $rank
    $rank = 计算排名...
    MUlTI
    SET cache:rank, $rank
    EXPIRE cache:rank, 7200
    EXEC
```

然而在一些场景中，这种方法并不能满足需要。当服务器内存有限时，如果大量地使用缓存键且过期时间设置得过长，就会导致 Redis 占满内存；另外如果为了防止 Redis 占用内存过大而将缓存键的过期时间设置得过短，就可能导致缓存命中率过低并且大量内存白白闲置。实际开发中会发现很难为缓存键设置合理的过期时间，为此可以限制 Redis 能够使用的最大内存，并让 Redis 按照一定的规则淘汰不需要的缓存键，这种方式在只将 Redis 用作缓存系统时非常实用。

具体的设置方法为：修改配置文件的 maxmemory 参数，限制 Redis 最大可用内存大小（单位是字节），当超出了这个限制时，Redis 会依据 maxmemory-policy 参数指定的策略来删除不需要的键，直到 Redis 占用的内存小于指定内存。

maxmemory-policy 支持的规则如表 4-1 所示。其中的 LRU（Least Recently Used）算法即"最近最少使用"，其认为最近最少使用的键在未来一段时间内也不会被用到，即当需要空间时这些键是可以被删除的。

表 4-1　maxmemory-policy **支持的淘汰键的规则**

规　　则	说　　明
volatile-lru	使用 LRU 算法删除一个键（只对设置了过期时间的键）
allkeys-lru	使用 LRU 算法删除一个键
volatile-random	随机删除一个键（只对设置了过期时间的键）
allkeys-random	随机删除一个键
volatile-ttl	删除过期时间最近的一个键
noeviction	不删除键，只返回错误

例如当 maxmemory-policy 设置为 allkeys-lru 时，一旦 Redis 占用的内存超过了限制值，Redis 会不断地删除数据库中最近最少使用的键[①]，直到占用的内存小于限制值。

---

① 事实上 Redis 并不会准确地将整个数据库中最久未被使用的键删除，而是每次从数据库中随机取 3 个键并删除这 3 个键中最久未被使用的键。删除过期时间最接近的键的实现方法也是这样，"3"这个数字可以通过 Redis 的配置文件中的 maxmemory-samples 参数设置。

4.3 排序

午后，宋老师正在批改学生们提交的程序，再过几天就会迎来第一次计算机全市联考。他在每个学生的程序代码末尾都用注释详细地做了批注——严谨的治学态度让他备受学生们的爱戴。

一个电话打来。"小白的？"宋老师拿出手机，"博客最近怎么样了？"未及小白开口，他就抢先问道。小白赶紧答道：

> 特别好！现在平均每天都有 50 多人访问我的博客，不过昨天我收到一个访客的邮件，他向我反映了一个问题：查看一个标签下的文章列表时，文章不是按照时间顺序排列的，找起来很麻烦。我看了一下代码，发现程序中是使用 SMEMBERS 命令获取标签下的文章列表的，因为集合类型是无序的，所以不能实现按照文章的发布时间排序。我考虑过使用有序集合类型存储标签，但是有序集合类型的集合操作不如集合类型强大。您有什么好方法来解决这个问题吗？

宋老师接着说：

> 方法有很多，我推荐使用 SORT 命令，你先挂了电话，我写好后发邮件给你吧。

4.3.1 有序集合的集合操作

集合类型提供了强大的集合操作命令，但是如果需要排序，就要用到有序集合类型。Redis 的作者在设计 Redis 的命令时考虑到了不同数据类型的使用场景，对于不常用到的或者在不损失过多性能的前提下可以使用现有命令来实现的功能，Redis 就不会单独提供命令来实现。这一原则使得 Redis 在拥有强大功能的同时保持着相对精简的命令。

有序集合常见的使用场景是大数据排序（如游戏的玩家排行榜），所以很少会需要获得键中的全部数据。同样 Redis 认为开发者在做完交、并运算后不需要直接获得全部结果，而是会希望将结果存入新的键中以便后续处理。这解释了为什么有序集合只有 ZINTERSTORE 和 ZUNIONSTORE 命令而没有 ZINTER 和 ZUNION 命令。

当然实际使用中确实会遇到像小白那样需要直接获得集合运算结果的情况，除了等待 Redis 加入相关命令，我们还可以使用 MULTI、ZINTERSTORE、ZRANGE、DEL 和 EXEC 这 5 条命令自己实现 ZINTER：

```
MULTI
ZINTERSTORE tempKey ...
ZRANGE tempKey ...
```

```
DEL tempKey
EXEC
```

4.3.2　SORT 命令

除了使用有序集合，我们还可以借助 Redis 提供的 SORT 命令来解决小白的问题。SORT 命令可以对列表类型、集合类型和有序集合类型键进行排序，并且可以完成与关系数据库中的连接查询相类似的任务。

小白的博客中标有"ruby"标签的文章的 ID 分别是"2""6""12"和"26"。因为在集合类型中所有元素是无序的，所以使用 SMEMBERS 命令并不能获得有序的结果[①]。为了能够让博客的标签页面下的文章也能按照发布的时间顺序排列（如果不考虑发布后再修改文章发布时间，就是按照文章 ID 的顺序排列），可以借助 SORT 命令实现，方法如下所示：

```
redis> SORT tag:ruby:posts
1) "2"
2) "6"
3) "12"
4) "26"
```

是不是十分简单？除了集合类型，SORT 命令还可以对列表类型和有序集合类型进行排序：

```
redis> LPUSH mylist 4 2 6 1 3 7
(integer) 6
redis> SORT mylist
1) "1"
2) "2"
3) "3"
4) "4"
5) "6"
6) "7"
```

在对有序集合类型排序时，会忽略元素的分数，只针对元素自身的值进行排序。例如：

```
redis> ZADD myzset 50 2 40 3 20 1 60 5
(integer) 4
redis> SORT myzset
1) "1"
2) "2"
3) "3"
4) "5"
```

除了可以排列数字，SORT 命令还可以通过 ALPHA 参数实现按照字典顺序排列非数字

---

① 集合类型经常被用于存储对象的 ID，其在很多情况下都是整数。所以 Redis 对这种情况进行了特殊的优化，元素的排列是有序的。4.6 节会详细介绍具体的原理。

元素，就像这样：

```
redis> LPUSH mylistalpha a c e d B C A
(integer) 7
redis> SORT mylistalpha
(error) ERR One or more scores can't be converted into double
redis> SORT mylistalpha ALPHA
1) "A"
2) "B"
3) "C"
4) "a"
5) "c"
6) "d"
7) "e"
```

从这段示例中可以看到，如果没有 ALPHA 参数的话，SORT 命令会尝试将所有元素转换成双精度浮点数来进行比较，如果无法转换则会提示错误。

回到小白的问题，SORT 命令默认是按照从小到大的顺序排列，而一般博客中显示文章的顺序都是按照时间倒序的，即最新的文章显示在最前面。SORT 命令的 DESC 参数可以实现将元素按照从大到小的顺序排列：

```
redis> SORT tag:ruby:posts DESC
1) "26"
2) "12"
3) "6"
4) "2"
```

那么，如果文章数量过多并需要分页显示呢？SORT 命令还支持使用 LIMIT 参数来返回指定范围的结果。用法和 SQL 语句一样，LIMIT offset count 表示跳过前 offset 个元素并获取之后的 count 个元素。

SORT 命令的参数可以组合使用，像这样：

```
redis> SORT tag:ruby:posts DESC LIMIT 1 2
1) "12"
2) "6"
```

4.3.3　BY 参数

很多情况下，列表（或集合、有序集合）中存储的元素值代表的是对象的 ID（如标签集合中存储的是文章对象的 ID），单纯对这些 ID 自身排序有时意义并不大。更多的时候我们希望根据 ID 对应的对象的某个属性进行排序。回想 3.6 节，我们通过使用有序集合键来存储文章 ID 列表，使得小白的博客系统能够支持修改文章时间，所以文章 ID 的顺序和文章的发布时间的顺序并不完全一致，因此 4.3.2 节介绍的对文章 ID 本身排序就变得没有意义了。小白的博客系统是使用哈希类型键存储文章对象的，其中 time 字段存储的就是文章的发布时间。现在我们知道 ID 为"2""6""12"和"26"的 4 篇文章的 `time` 字段的值分别为"1352619200""1352619600""1352620100"和"1352620000"（Unix 时间）。如果要按照文章的发布时间的倒序排列，结果应为"12""26""6"和"2"。为了获得这样的结果，需要使用 SORT 命令的另一个强大的参数：BY。

BY 参数的语法为 BY 参考键。其中，参考键可以是字符串类型键或者是哈希类型键的某个字段（表示为键名->字段名）。如果提供了 BY 参数，SORT 命令将不再依据元素自身的值进行排序，而是对每个元素使用元素的值替换参考键中的第一个"`*`"并获取其值，然后依据该值对元素排序。就像这样：

```
redis> SORT tag:ruby:posts BY post:*->time DESC
1) "12"
2) "26"
3) "6"
4) "2"
```

在上例中，SORT 命令会读取 post:12、post:26、post:6、post:2 几个哈希键中的 `time` 字段的值，并以此确定 tag:ruby:posts 键中各篇文章 ID 的顺序。

除了哈希类型，参考键还可以是字符串类型，例如：

```
redis> LPUSH sortbylist 2 1 3
(integer) 3
redis> SET itemscore:1 50
OK
redis> SET itemscore:2 100
OK
redis> SET itemscore:3 -10
OK
redis> SORT sortbylist BY itemscore:* DESC
1) "2"
2) "1"
3) "3"
```

当参考键名不包含*时（即常量键名，与元素值无关），SORT 命令将不会执行排序操作，因为 Redis 认为这种情况是没有意义的（因为所有要比较的值都一样）。例如：

```
redis> SORT sortbylist BY anytext
1) "3"
2) "1"
3) "2"
```

上例中 anytext 是常量键名（甚至 anytext 键可以不存在），此时 SORT 命令的结果与 LRANGE 命令的结果相同，没有执行排序操作。在不需要排序但需要借助 SORT 命令获得与元素相关联的数据时（见 4.3.4 节），常量键名是很有用的。

如果几个元素的参考键值相同，则 SORT 命令会再比较元素本身的值来确定元素的顺序。像这样：

```
redis> LPUSH sortbylist 4
(integer) 4
redis> SET itemscore:4 50
OK
redis> SORT sortbylist BY itemscore:* DESC
1) "2"
2) "4"
3) "1"
4) "3"
```

上例中元素"4"的参考键 `itemscore:4` 的值和元素"1"的参考键 `itemscore:1` 的值都是 50，所以 SORT 命令会再比较"4"和"1"元素本身的大小来确定二者的顺序。

当某个元素的参考键不存在时，会默认参考键的值为 0：

```
redis> LPUSH sortbylist 5
(integer) 5
redis> SORT sortbylist BY itemscore:* DESC
1) "2"
2) "4"
3) "1"
4) "5"
5) "3"
```

上例中"5"排在了"3"的前面，是因为"5"的参考键不存在，所以默认为 0，而"3"的参考键值为-10。

> **补充知识** 参考键虽然支持哈希类型，但是 `*` 在 `->` 符号前面（即键名部分）才有用，在 `->` 后（即字段名部分）会被当成字段名本身而不会作为占位符被元素的值替换，即常量键名。但是实际运行时会发现一个有趣的结果：
>
> ```
> redis> SORT sortbylist BY somekey->somefield:*
>     1) "1"
>     2) "2"
>     3) "3"
>     4) "4"
>     5) "5"
> ```
>
> 上面提到了当参考键名是常量键名时 SORT 命令将不会执行排序操作，然而，上例中进行了排序，而且只是对元素本身进行排序。这是因为 Redis 判断参考键名是不是常量键名的方式是判断参考键名中是否包含 `*`，而 `somekey->somefield:*` 中包含 `*` 所以不是常量键名。因此在排序的时候，Redis 对每个元素都会读取键 `somekey` 中的 `somefield:*` 字段（`*` 不会被替换），无论能否获得其值，每个元素的参考键值是相同的，所以 Redis 会按照元素本身的大小排序。

4.3.4　GET 参数

现在小白的博客系统已经可以按照文章的发布顺序获得一个标签下的文章 ID 列表了，接下来要做的事就是对每个 ID 都使用 HGET 命令获取文章的标题，以将标题显示在博客列表页中。有没有觉得很麻烦？不论你的答案如何，都有一种更简单的方式来完成这个操作，那就是借助 SORT 命令的 GET 参数。

GET 参数不影响排序，它的作用是使 SORT 命令的返回结果不再是元素自身的值，而是 GET 参数中指定的键值。GET 参数的规则和 BY 参数一样，GET 参数也支持字符串类型键和哈希类型键，并使用 * 作为占位符。要实现在排序后直接返回 ID 对应的文章标题，可以这样写：

```
redis> SORT tag:ruby:posts BY post:*->time DESC GET post:*->title
1) "Windows 8 app designs"
2) "RethinkDB - An open-source distributed database built with love"
3) "Uses for cURL"
4) "The Nature of Ruby"
```

在一个 SORT 命令中可以有多个 GET 参数（而 BY 参数只能有一个），所以还可以这样用：

```
redis> SORT tag:ruby:posts BY post:*->time DESC GET post:*->title GET post:*->time
1) "Windows 8 app designs"
2) "1352620100"
3) "RethinkDB - An open-source distributed database built with love"
4) "1352620000"
5) "Uses for cURL"
6) "1352619600"
7) "The Nature of Ruby"
8) "1352619200"
```

可见如果有 N 个 GET 参数，每个元素返回的结果就有 N 行。这里有一个问题：如果还需要返回文章 ID 该怎么办？答案是使用 GET #。就像这样：

```
redis> SORT tag:ruby:posts BY post:*->time DESC GET post:*->title GET post:*->time
GET #
1) "Windows 8 app designs"
2) "1352620100"
3) "12"
4) "RethinkDB - An open-source distributed database built with love"
5) "1352620000"
6) "26"
7) "Uses for cURL"
8) "1352619600"
9) "6"
10) "The Nature of Ruby"
```

```
11) "1352619200"
12) "2"
```

也就是说，GET #会返回元素本身的值。

4.3.5　STORE 参数

默认情况下 SORT 命令会直接返回排序结果，如果希望保存排序结果，可以使用 STORE 参数。例如希望把结果保存到 sort.result 键中：

```
redis> SORT tag:ruby:posts BY post:*->time DESC GET post:*->title GET post:*->time
GET # STORE sort.result
(integer) 12
redis> LRANGE sort.result 0 -1
 1) "Windows 8 app designs"
 2) "1352620100"
 3) "12"
 4) "RethinkDB - An open-source distributed database built with love"
 5) "1352620000"
 6) "26"
 7) "Uses for cURL"
 8) "1352619600"
 9) "6"
10) "The Nature of Ruby"
11) "1352619200"
12) "2"
```

保存后的键的类型为列表类型，如果键已经存在则会覆盖它。加上 STORE 参数后，SORT 命令的返回值为结果的个数。

STORE 参数常用来结合 EXPIRE 命令缓存排序结果，例如下面的伪代码：

```
# 判断是否存在之前排序结果的缓存

$isCacheExists = EXISTS cache.sort
if $isCacheExists is 1
    # 如果存在则直接返回
    return LRANGE cache.sort, 0, -1
else
    # 如果不存在，则使用 SORT 命令排序并将结果保存到 cache.sort 键中作为缓存
    $sortResult = SORT some.list STORE cache.sort
    # 设置缓存的过期时间为 10 分钟
    EXPIRE cache.sort, 600
    # 返回排序结果
    return $sortResult
```

4.3.6　性能优化

SORT 命令是 Redis 中最强大最复杂的命令之一，如果使用不好很容易造成性能瓶颈。SORT 命令的时间复杂度是 $O(n+m\log m)$，其中 n 表示要排序的列表（集合或有序集合）中的元素个数，m 表示要返回的元素个数。当 n 较大的时候 SORT 命令的性能相对较低，并且 Redis 在排序前会建立一个大小为 $n^{①}$ 的容器来存储待排序的元素。虽然这是一个临时的过程，但如果同时进行较多的大数据量排序操作则会严重影响性能。

所以在开发中使用 SORT 命令时，需要注意以下几点。

（1）尽可能减少待排序键中的元素个数（使 n 尽可能小）。

（2）使用 LIMIT 参数只获取需要的数据（使 m 尽可能小）。

（3）如果要排序的数据数量较大，尽可能使用 STORE 参数将结果缓存。

4.4　消息通知

凭着小白的用心经营，博客的访问量逐渐增多，甚至有了小白自己的"粉丝"。这不，小白刚收到一封来自粉丝的邮件，在邮件中那个粉丝强烈建议小白给博客系统加入邮件订阅功能，这样当小白发布新文章后，订阅小白的博客的用户就可以收到通知邮件了。在邮件的末尾，那个粉丝还着重强调了一下："这个功能对不习惯使用 RSS 的用户很重要，希望能够加上！"

看过邮件后，小白心想："是个好建议！不过话说回来，似乎他还没发现其实我的博客系统连 RSS 功能都没有。"

邮件订阅功能太容易实现了，无非是在博客首页放一个文本框供访客输入自己的邮箱地址，提交后博客系统会将该地址存入 Redis 的一个集合类型键中（使用集合类型是为了保证对于同一邮箱地址不会存储多个）。每当发布新文章时，就向收集到的邮箱地址发送通知邮件。

这个功能看似简单，可是做出来后小白却发现了一个问题：输入邮箱地址提交后，页面需要很长时间才能加载完成。

原来小白为了确保用户没有误输入他人的邮箱地址，在用户提交地址之后，程序会向用户输入的邮箱地址发送一封包含确认链接的邮件，只有用户点击这个链接后，对应的邮箱地址才会被程序记录。可是由于发送邮件需要连接到一个远程的邮件发送服务器，网络性能好的情况下也得花 2 秒左右的时间，赶上网络性能不好的情况，10 秒都未必能发送完。因此每次用户提交邮箱地址后，页面都要等待程序发送完邮件才能加载完成，而加载完成的页面上显示的内容只是提示用户查看自己的邮箱地址点击确认链接。"完全可以等页面加载完成后再发送邮件，这样用户就不需要等待了。"小白喃喃道。

---

① 有一个例外是：当键类型为有序集合且参考键为常量键名时，容器大小为 m 而不是 n。

按照惯例，有问题问宋老师，小白给宋老师发了一封邮件，不久就收到了回复。

4.4.1　任务队列

小白的问题在网站开发中十分常见，当页面需要进行如发送邮件、复杂数据运算等耗时较长的操作时会阻塞页面的渲染。为了避免用户等待太久，应该使用独立的线程来完成这类操作。不过有些编程语言或框架（如 Node.js）不易实现多线程，或者应用使用了微服务架构，此时很容易就会想到通过其他进程（或微服务）来实现。就小白的例子来说，设想有一个进程能够完成发送邮件的功能，那么在页面中只需要想办法通知这个进程向指定的邮箱地址发送邮件就可以了。

通知的过程可以借助任务队列来实现。顾名思义，任务队列就是"传递任务的队列"。与任务队列进行交互的实体有两类，一类是生产者（producer），另一类是消费者（consumer）。生产者会将需要处理的任务放入任务队列中，而消费者则不断地从任务队列中读入任务信息并执行。

对发送邮件这个操作来说，页面程序就是生产者，而发送邮件的进程就是消费者。当需要发送邮件时，页面程序会将收件地址、邮件主题和邮件正文组装成一个任务后存入任务队列中。同时，发送邮件的进程会不断检查任务队列，一旦发现有新的任务便会将其从队列中取出并执行。由此实现了进程间的通信。

使用任务队列有如下好处。

1.　松耦合

生产者和消费者无须知道彼此的实现细节，只需要约定好任务的描述格式。这使得生产者和消费者可以由不同的团队使用不同的编程语言编写。

2.　易于扩展

消费者可以有多个，而且可以分布在不同的服务器中，如图 4-1 所示。借此可以轻松地降低单台服务器的负载。

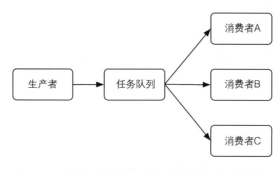

图 4-1　可以有多个消费者分配任务队列中的任务

4.4.2 使用 Redis 实现任务队列

说到队列很自然就能想到 Redis 的列表类型，3.4.2 节介绍了使用 LPUSH 和 RPOP 命令实现队列的概念。如果要实现任务队列，只需要一边让生产者使用 LPUSH 命令将任务加入某个键中，另一边让消费者不断地使用 RPOP 命令从该键中取出任务即可。

在小白的例子中，完成发送邮件的任务需要知道收件地址、邮件主题和邮件正文。所以生产者需要将这 3 个信息组装成对象并序列化成字符串，然后将其加入任务队列中。而消费者则循环从队列中拉取任务，就像如下伪代码：

```
# 无限循环读取任务队列中的内容
loop
    $task = RPOR queue
    if $task
        # 如果任务队列中有任务则执行它
        execute($task)
    else
        # 如果没有则等待 1 秒，以免过于频繁地请求数据
        wait 1 second
```

至此，一个使用 Redis 实现的简单的任务队列就写好了。不过还有一点不完美的地方：当任务队列中没有任务时，消费者每秒都会调用一次 RPOP 命令来查看是否有新任务。如果可以实现一旦有新任务加入任务队列就通知消费者就好了。其实借助 BRPOP 命令就可以实现这样的需求。

BRPOP 命令和 RPOP 命令相似，唯一的区别是当列表中没有元素时 BRPOP 命令会一直阻塞连接，直到有新元素加入。如上段代码可改写为：

```
loop
    # 如果任务队列中没有新任务，BRPOP 命令会一直阻塞，不会运行 execute()
    $task = BRPOP queue, 0
    # 返回值是一个数组（见下介绍），数组第二个元素是我们需要的任务
    execute($task[1])
```

BRPOP 命令接收两个参数，第一个是键名，第二个是超时时间，单位是秒。当超过了此时间仍然没有获得新元素的话就会返回 nil。上例中超时时间为"0"，表示不限制等待的时间，即如果没有新元素加入列表就会永远阻塞下去。

当获得一个元素后 BRPOP 命令返回两个值，分别是键名和元素值。为了测试 BRPOP 命令，我们可以打开两个 redis-cli 实例，在实例 A 中：

```
redis A> BRPOP queue 0
```

按回车键后实例 1 会处于阻塞状态，此时在实例 B 中向 queue 中加入一个元素：

```
redis B> LPUSH queue task
(integer) 1
```

在执行 LPUSH 命令后实例 A 马上就返回了结果：

```
1) "queue"
2) "task"
```

同时会发现 queue 中的元素已经被取走：

```
redis> LLEN queue
(integer) 0
```

除了 BRPOP 命令，Redis 还提供了 BLPOP，其和 BRPOP 的区别在于从队列取元素时 BLPOP 会从队列左边取。具体可以参照 LPOP 命令理解，这里不再赘述。

4.4.3 优先级队列

前面说到了小白的博客系统需要在发布文章的时候向每个订阅者发送邮件，这一步骤同样可以使用任务队列实现。由于要执行的任务和发送确认邮件一样，因此二者可以共用一个消费者。然而，设想这样的情况：假设订阅小白的博客的用户有 1000 人，那么当发布一篇新文章后，博客系统就会向任务队列中添加 1000 个发送通知邮件的任务。如果每发送一封邮件需要 10 秒，全部完成这 1000 个任务就需要近 3 小时。问题来了，假如这期间有新的用户想要订阅小白的博客，当他提交完自己的邮箱地址并看到网页提示他查收确认邮件时，他并不知道向自己发送确认邮件的任务被加入了已经有 1000 个任务的队列中。要收到确认邮件，他不得不等待近 3 小时。多么糟糕的用户体验！而发布新文章后通知订阅用户的任务并不是很紧急，大多数用户并不要求有新文章后马上就能收到通知邮件，甚至在很多情况下延迟一天的时间也是可以接受的。

所以可以得出结论：当发送确认邮件和发送通知邮件两种任务同时存在时，应该优先执行前者。为了实现这一目的，我们需要实现一个优先级队列。

BRPOP 命令可以同时接收多个键，其完整的命令格式为 BLPOP *key* [*key ...*] *timeout*，如 BLPOP queue:1 queue:2 0。意义是同时检测多个键，如果所有键都没有元素则阻塞，如果其中有一个键有元素，则会从该键中弹出元素。例如打开两个 redis-cli 实例，在实例 A 中：

```
redis A> BLPOP queue:1 queue:2 queue:3 0
```

在实例 B 中：

```
redis B> LPUSH queue:2 task
(integer) 1
```

则实例 A 中会返回：

```
1) "queue:2"
2) "task"
```

如果多个键都有元素，则按照从左到右的顺序取第一个键中的一个元素。我们先在 queue:2 和 queue:3 中各加入一个元素：

```
redis> LPUSH queue:2 task1
1) (integer) 1
redis> LPUSH queue:3 task2
2) (integer) 1
```

然后执行 BRPOP 命令：

```
redis> BRPOP queue:1 queue:2 queue:3 0
1) "queue:2"
2) "task1"
```

借此特性可以实现区分优先级的任务队列。我们分别使用 queue:confirmation.email 和 queue:notification.email 两个键存储发送确认邮件和发送通知邮件两种任务，然后将消费者的代码改为：

```
loop
    $task =
        BRPOP queue:confirmation.email,
              queue:notification.email,
              0
    execute($task[1])
```

此时一旦发送确认邮件的任务被加入 queue:confirmation.email 队列中，无论 queue:notification.email 还有多少任务，消费者都会优先完成发送确认邮件的任务。

4.4.4　"发布/订阅"模式

除了实现任务队列，Redis 还提供了一组命令可以让开发者实现"发布/订阅"（publish/subscribe）模式。"发布/订阅"模式同样可以实现进程间的消息传递，其原理是这样的：

"发布/订阅"模式中包含两种角色，分别是发布者和订阅者。订阅者可以订阅一个或若干频道（channel），而发布者可以向指定的频道发送消息，所有订阅此频道的订阅者都会收到此消息。

发布者发布消息的命令是 PUBLISH，用法是 PUBLISH *channel message*，如向 channel.1 说一声"hi"：

```
redis> PUBLISH channel.1 hi
(integer) 0
```

这样消息就发出去了。PUBLISH 命令的返回值表示接收到这条消息的订阅者数量。因为此时没有客户端订阅 channel.1，所以返回 0。发出去的消息不会被持久化，也就是说当有客户端订阅 channel.1 后只能接收到后续发布到该频道的消息，之前发送的就接收不到了。

订阅频道的命令是 SUBSCRIBE，可以同时订阅多个频道，用法是 SUBSCRIBE *channel* [*channel* ...]。现在新开一个 redis-cli 实例 A，用它来订阅 channel.1：

```
redis A> SUBSCRIBE channel.1
Reading messages... (press Ctrl-C to quit)
1) "subscribe"
2) "channel.1"
3) (integer) 1
```

执行 SUBSCRIBE 命令后，客户端会进入订阅状态，处于此状态下的客户端不能使用除 SUBSCRIBE、UNSUBSCRIBE、PSUBSCRIBE 和 PUNSUBSCRIBE 这 4 个属于"发布/订阅"模式的命令之外的命令（后面 3 条命令会在下面介绍），否则会报错。

进入订阅状态后，客户端可能收到 3 种类型的回复。每种类型的回复都包含 3 个值，第一个值是消息的类型，根据消息类型的不同，第二、三个值的含义也不同。消息类型可能的取值有以下 3 个。

（1）subscribe。表示订阅成功的反馈信息。第二个值是订阅成功的频道名称，第三个值是当前客户端订阅的频道数量。

（2）message。这个类型的回复是我们最关心的，它表示接收到的消息。第二个值表示产生消息的频道名称，第三个值是消息的内容。

（3）unsubscribe。表示成功取消订阅某个频道。第二个值是对应的频道名称，第三个值是当前客户端订阅的频道数量，当此值为 0 时客户端会退出订阅状态，之后就可以执行其他非"发布/订阅"模式的命令了。

上例中，实例 A 订阅了 channel.1 进入订阅状态后接收到了一条 subscribe 类型的回复，此时我们打开另一个 redis-cli 实例 B，并向 channel.1 发送一条消息：

```
redis B> PUBLISH channel.1 hi!
(integer) 1
```

返回值为 1 表示有一个客户端订阅了 channel.1，此时实例 A 接收到了类型为 message 的回复：

```
1) "message"
2) "channel.1"
3) "hi!"
```

使用 UNSUBSCRIBE 命令可以取消订阅指定的频道，用法为 UNSUBSCRIBE [*channel* [*channel* ...]]，如果不指定频道则会取消订阅所有频道[①]。

4.4.5 按照规则订阅

除了可以使用 SUBSCRIBE 命令订阅指定名称的频道，还可以使用 PSUBSCRIBE 命令

---

① 由于 redis-cli 的限制，我们无法在其中测试 UNSUBSCRIBE 命令。

订阅指定的规则。规则支持 glob 风格通配符格式（见 3.1 节），下面我们新打开一个 redis-cli
实例 C 进行演示：

```
redis C> PSUBSCRIBE channel.?*
Reading messages... (press Ctrl-C to quit)
1) "psubscribe"
2) "channel.?*"
3) (integer) 1
```

规则 channel.?* 可以匹配 channel.1 和 channel.10，但不会匹配 channel.。
此时在实例 B 中发布消息：

```
redis B> PUBLISH channel.1 hi!
(integer) 2
```

返回结果为 2，这是因为实例 A 和实例 C 两个客户端都订阅了 channel.1 频道。实
例 C 接收到的回复是：

```
1) "pmessage"
2) "channel.?*"
3) "channel.1"
4) "hi!"
```

第一个值表示这条消息是通过 PSUBSCRIBE 命令订阅频道接收到的，第二个值表示订
阅时使用的通配符，第三个值表示实际接收到消息的频道命令，第四个值则是消息内容。

> **提示**　使用 PSUBSCRIBE 命令可以重复订阅一个频道，如某客户端执行了 PSUBSCRIBE
> channel.? channel.?*，此时向 channel.2 发布消息后该客户端会接收到两条
> 消息，同时 PUBLISH 命令的返回值也是 2 而不是 1。同样，如果有另一个客户端执行
> 了 SUBSCRIBE channel.10 和 PSUBSCRIBE channel.?* 的话，向 channel.10
> 发送命令时该客户端也会接收到两条消息（但是是两种类型：message 和
> pmessage），同时 PUBLISH 命令会返回 2。

PUNSUBSCRIBE 命令可以退订指定的规则，用法是 PUNSUBSCRIBE [*pattern*
[*pattern* ...]]，如果没有参数则会退订所有规则。

> **注意**　使用 PUNSUBSCRIBE 命令只能退订通过 PSUBSCRIBE 命令订阅的规则，不会
> 影响直接通过 SUBSCRIBE 命令订阅的频道；同样，UNSUBSCRIBE 命令也不会影响
> 通过 PSUBSCRIBE 命令订阅的规则。另外，容易出错的一点是，使用 PUNSUBSCRIBE
> 命令退订某个规则时不会将其中的通配符展开，而是进行严格的字符串匹配，所以
> PUNSUBSCRIBE * 无法退订 channel.* 规则，而是必须使用 PUNSUBSCRIBE
> channel.* 才能退订。

4.4.6 强大的流

3.7 节介绍了 Redis 5.0 引入的新的数据类型：流类型。实际上，流类型除了能高效存储日志结构的数据，还有一个非常重要的用途，即消息中间件。前文介绍了通过列表实现消息队列，以及"发布/订阅"模式。在深入介绍流类型作为消息中间件的用法前，我们先通过表 4-2 对这三者进行一个简要的对比。

表 4-2 "列表""发布/订阅"和"流"的对比

对 比 项	列 表	发布 / 订阅	流
保存消息历史	支持	不支持	支持
查询消息历史	支持，但低效	不支持	支持，且高效
一对多消息	不支持	支持	支持

可以看到在对消息的支持上，流兼具了列表和发布/订阅两者的优点。实际上，流的设计也受到了目前最流行的消息中间件 Apache Kafka 的启发，在某些地方会有相似性。

我们已经在 3.7 节介绍了一些流相关的命令，但是和消息中间件相关的命令会在这里介绍。我们从最重要的一条命令开始：XREAD。XREAD 命令的作用是从流中读取数据，其格式为：

```
XREAD [COUNT count] [BLOCK milliseconds] STREAMS key [key ...] ID [ID ...]
```

这条命令中的很多参数我们都似曾相识，例如 COUNT 是表示读取多少个条目，BLOCK 表示阻塞多久，可以参考 4.4.2 节的介绍（只是和 BRPOP 命令不同的是，这里的单位是毫秒，而 BRPOP 命令的单位是秒。）STREAMS 参数之后会列举要读取的键名和从哪个 ID 读取。

如果不提供 BLOCK 参数，XREAD 命令不会阻塞来等待新消息[①]，而是直接返回读取到的结果。例如我们先向流中插入 3 条数据：

```
redis> XADD streammsg * name Bob
"1617529965288-0"
redis> XADD streammsg * name Jeff
"1617529968977-0"
redis> XADD streammsg * name Tom
"1617529972563-0"
```

此时，如果想用 XREAD 命令读取 Bob 这条数据之后的消息，则：

```
redis> XREAD STREAMS streammsg 1617529965288-0
1) 1) "streammsg"
   2) 1) 1) "1617529968977-0"
      2) 1) "name"
```

---

① 因为流既可以作为一般存储，也可以作为消息中间件。本书会用"条目"和"消息"表示流中的内容，实际上指代的含义一致。

```
         2) "Jeff"
      2) 1) "1617529972563-0"
         2) 1) "name"
            2) "Tom"
```

返回数据是一个列表，最外层列表中每个元素对应 XREAD 命令中请求的键名。因为这里我们只指明了一个键名（streammsg），所以这里只有一个元素，接下来每个结果包含条目 ID 和条目的所有键值对。XREAD 命令和 XRANGE 命令有以下几点不同。

（1）XRANGE 命令需要指明起止两个端点的条目 ID，而 XREAD 命令只需要指明起始的 ID，并且会直接读取最新的条目（除非指明了 COUNT 参数）。

（2）XREAD 命令可以支持同时读取多个键的数据。

XREAD 命令更重要的用法就是配合 BLOCK 参数，使得客户端可以等待新消息，并且一旦有新消息能马上得到通知。

举例来讲，假如我们有一个登录注册的系统，需要给用户发送手机验证码。这个系统分成两个部分，一个是生产者，用来将用户的手机号通过 XADD 命令写入流；另一个是消费者，用来通过 XREAD 命令从流中不断地读取新条目，生成验证码并完成发送任务。以伪代码为例：

```
$lastId = $ # 最后读取到的条目 ID
loop
  $result = XREAD BLOCK, 0, mystream, $lastId
  $messages = $result[0][1]
  processMessages($messages)
  $lastId = $messages.last[0]
```

这里注意第一行引入了一个特殊符号"$"，这个符号在 XREAD 命令中用来指代最后一条消息。当希望只接收新消息时，这个符号就显得非常有用了。注意，一般情况下"$"只用在第一次读取，否则会遗漏数据。如下是一个错误示例：

```
loop
  $result = XREAD BLOCK, 0, mystream, $
  $messages = $result[0][1]
  processMessages($messages)
```

这里我们没有记录 lastId，而是每次都依赖"$"符号来表示最新获取的条目。粗看起来这样实现没有什么问题，但是实际上在 processMessages() 函数和 XREAD 命令之间可能有新的条目插入，这些条目就会被遗漏掉。

我们会在第 5 章介绍如何在各种编程语言中使用 Redis，但是为了让读者对阻塞读取流在实践中的用法有更快的了解，这里使用 Node.js 为例，展示上述伪代码的实现方法。更详细的介绍可以参考第 5 章。

```
const Redis = require("ioredis");
const redis = new Redis();

function processMessages(messages) {
```

```
  messages.forEach((message) =>
    console.log("Id: %s. Data: %O", message[0], message[1])
  );
}

async function listenForMessage(lastId = "$") {
  const results = await redis.xread("block", 0, "STREAMS", "mystream", lastId);
  const messages = results[0][1];

  processMessages(messages);

  await listenForMessage(messages[messages.length - 1][0]);
}

listenForMessage();
```

4.4.7　流与消费组

　　4.4.6 节介绍了流作为消息中间件的基本用法，但是这些与 4.4.4 节中介绍的"发布/订阅"模式相比，似乎区别只在于流提供了可以高效查询消息历史的命令（XRANGE 和 XREVRANGE），以及可以自定义从哪个 ID 开始读取内容。实际上，流的功能远不止于此。

　　我们从表 4-2 最后一行开始说起：对列表来说，当多个客户端执行 BRPOP 命令来监听一个列表时，一条消息只会被一个客户端接收到；对"发布/订阅"来说，当多个客户端通过 SUBSCRIBE 命令监听消息时，一条消息会被所有客户端接收到。而流则同时支持这两种模式，支持这一点的正是流提供的消费组功能。

　　使用 XREAD 命令读取一个流时，所有消费者（客户端）都能够接收到新的消息。而顾名思义，消费组是若干消费者组成的一个组，这个组对外在接收消息时会被当作一个虚拟的消费者。当消费组接收到一条消息时，会将这条消息分发给组内的其中一个消费者，并且会保证对于同一条消息不会发给组内的多个消费者。如图 4-2 所示，图中有 5 个消费者和一个消费组，其中两个消费者在消费组内，A 和 B 分别代表一条消息。

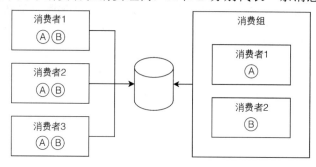

图 4-2　消费者与消费组

可以使用 XGROUP 命令创建一个消费组。XGROUP 命令的定义如下：

```
XGROUP [CREATE key groupname ID|$ [MKSTREAM]] [SETID key groupname ID|$] [DESTROY
key groupname] [CREATECONSUMER key groupname consumername] [DELCONSUMER key groupname
consumername]
```

虽然定义很长，但是如果创建消费组的话，只需要用到其中的 CREATE 参数。我们来看一个名为 mygroup 的消费组：

```
redis> XGROUP CREATE mystream mygroup $ MKSTREAM
OK
```

其中，末尾的 MKSTREAM 参数用来说明如果指定的流（这里的 mystream）不存在，那么就创建一个流。如果不指明这个参数且流不存在的话就会返回一个错误。符号 $ 用来说明消费组当前的 ID，$ 表示最后一个条目，当然也可以指明具体的 ID。可以看出，消费组是有状态的。4.4.6 节介绍过，普通的消费者自己记录和维护最后一个接收到的条目的 ID；消费组需要负责将消息分发给组内的消费者，而新加入组的消费者不知道下一个应该接收的条目是哪个，所以消费组就需要维护一个状态。如果这里提供了 0，因为 0 小于所有条目的 ID，那么这个新创建的消费组就会连同过去的所有条目都分发给组内的消费者。

为了演示消费组，我们现在向 mystream 流中插入两条记录：

```
redis> XADD mystream * message A
"1618152751340-0"
redis> XADD mystream * message B
"1618152754575-0"
```

下面我们分别模拟 mygroup 消费组内的两个消费者从这个流中读取条目。和普通消费者不同，组内的消费者需要使用 XREADGROUP 命令而不是 XREAD 命令来读取流。XREADGROUP 命令的定义是：

```
XREADGROUP GROUP group consumer [COUNT count] [BLOCK milliseconds] [NOACK] STREAMS
key [key ...] ID [ID ...]
```

总体上和 XREAD 命令的定义很像，只不过 XREADGROUP 命令需要通过 GROUP 参数设置消费者的名称。在同一个消费组中，消费者是以名称而不是底层连接区分彼此的，所以客户端在实现时需要根据情况提供唯一的消费者名称。下面我们分别用两个名为 consumer1 和 consumer2 的消费者读取这个流：

```
redis> XREADGROUP GROUP mygroup consumer1 COUNT 1 STREAMS mystream >
1) 1) "mystream"
   2) 1) 1) "1618152751340-0"
      2) 1) "message"
         2) "A"
redis> XREADGROUP GROUP mygroup consumer2 COUNT 1 STREAMS mystream >
1) 1) "mystream"
   2) 1) 1) "1618152754575-0"
```

```
2) 1) "message"
   2) "B"
```

可以看到两个消费者分别读取到了不同的消息。有的读者可能注意到了命令末尾的>符号，对应命令的定义可以看出它表示一个 ID。既然消费组本身是有状态的，并且记录了最后处理的 ID，为什么消费者读取时还要提供 ID 呢？其实这个和流提供的另一个重要特性有关：消息确认。

消费组在某种程度上和列表有些相似。当多个客户端使用 BRPOP 命令订阅一个列表时，列表中的一条消息只会被一个客户端接收到。这经常会用来实现某些任务分发操作，如小白的博客系统的发送邮件任务。可是一个重要的问题是，一个客户端很可能因为网络或者程序本身的原因，在接收到消息后未能正确处理这条消息（如当时网络故障导致发送邮件失败）。此时因为消息已经被读取了，所以这个任务就会永远失败，不会再有重试的机会了。

为了解决这个问题，消费组要求组内消费者读取每一个条目并正确处理后，都必须要明确通过 XACK 命令告诉消费组处理成功的消息。否则这个条目会被加入这个消费者的等待（Pending）队列，直到接收到 XACK 命令，或者使用 XCLAIM 命令将这条消息转移给组内的其他消费者重新处理。XACK 命令的用法很简单，定义为：

```
XACK key group ID [ID ...]
```

下面我们由 consumer1 来确认刚才的消息：

```
redis> XACK mystream mygroup 1618152751340-0
(integer) 1
```

因为消费组内部维护了每个消费者的等待队列，所以这里不需要指明消费者的名称。那么，怎么能知道消费组内每个消费者的等待队列的情况呢？这里我们可以用到 XPENDING 命令：

```
XPENDING key group [[IDLE min-idle-time] start end count [consumer]]
```

例如：

```
redis> XPENDING mystream mygroup
1) (integer) 1
2) "1618152754575-0"
3) "1618152754575-0"
4) 1) 1) "consumer2"
      2) "1"
```

上面的返回结果的第一行表示 mygroup 消费组内所有消费者的等待队列中一共有多少个条目。下面两行是等待队列条目的最小 ID 和最大 ID。再下面就是有等待条目的消费者名称和相应队列的条目数量了。XPENDING 命令还可以通过提供 start 和 end 等参数查询等待队列详情，这里留给读者去尝试。

接下来我们回到上文提到的过 XREADGROUP 命令的 ID 参数的意义。如果提供的 ID

是>，则执行正常的操作，即消费组会把没有分发的新消息分发给这个消费者。而如果是一个有效 ID（也包含 0，只是 0 小于所有的 ID），则会把该消费者的等待队列中大于指定 ID 的条目分发给消费者。注意，这个时候该命令不会接收到新的消息。如：

```
redis> XREADGROUP GROUP mygroup consumer2 STREAMS mystream 0
1) 1) "mystream"
   2) 1) 1) "1618152754575-0"
         2) 1) "message"
            2) "B"
```

因为 consumer2 还没有确认它接收到的消息，所以"1618152754575-0"这条消息在它的等待队列中。

那么，如果 consumer2 宕机且无法恢复，怎么能让组内其他消费者帮助处理 consumer2 的等待队列中的条目呢？这就用到了前文提到的 XCLAIM 命令，XCLAIM 命令的定义为：

```
XCLAIM key group consumer min-idle-time ID [ID ...] [IDLE ms] [TIME ms-unix-time]
[RETRYCOUNT count] [FORCE] [JUSTID]
```

例如，我们想把刚才通过 XREADGROUP 命令查询到的等待队列中的"1618152754575-0"这条消息转移给 consumer1 来处理，只需要：

```
127.0.0.1:6379> XCLAIM mystream mygroup consumer1 60000 1618152754575-0
1) 1) "1618152754575-0"
   2) 1) "message"
      2) "B"
```

其中，有一个 min-idle-time 用来限制只对提供的这些 ID 中等待时间（即分发给组内某个消费者到现在的时间）超过这个值（单位为毫秒）的 ID 生效。这个参数用来防止多个客户端同时调用 XCLAIM 命令，因为第一个客户端调用后，该 ID 的等待时间就会被清零，所以下一个客户端再调用时该 ID 就不符合条件了。

通过 XCLAIM 命令将消息转移到 consumer1 的等待队列后，consumer1 就可以通过定期查询 XPENDING 命令等方式查询到该消息，并进行消息处理和调用 XACK 命令了。

4.5 管道

客户端和 Redis 使用 TCP 连接。不论是客户端向 Redis 发送命令还是 Redis 向客户端返回命令的执行结果，都需要经过网络传输，这两个部分的总耗时称为往返时延。根据网络性能不同，往返时延也不同，大致来说到本地回环地址（loop back address）的往返时延在数量级上相当于 Redis 处理一条简单命令（如 LPUSH list 1 2 3）的时间。如果执行较多的命令，每条命令的往返时延累计起来对性能还是有一定影响的。

在执行多条命令时，每条命令都需要等待上一条命令执行完（即接收到 Redis 的返回结果）才能执行，即使该命令不需要上一条命令的执行结果。例如要获得 post:1、post:2

和 post:3 这 3 个键中的 title 字段，需要执行 3 条命令，如图 4-3 所示。

　　Redis 的底层通信协议对管道（pipelining）提供了支持。通过管道可以一次性发送多条命令并在执行完后一次性将结果返回，当一组命令中的每条命令都不依赖之前命令的执行结果时就可以将这组命令通过管道一起发出。管道通过减少客户端与 Redis 的通信次数来实现降低往返时延累计值的目的，如图 4-4 所示。

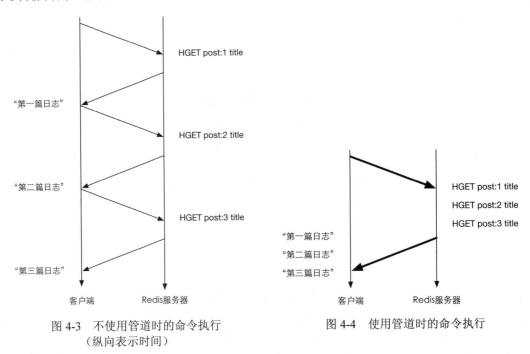

图 4-3　不使用管道时的命令执行　　　　图 4-4　使用管道时的命令执行
　　　　　（纵向表示时间）

　　第 5 章会结合不同的编程语言介绍如何在开发的时候使用管道技术。

4.6　节省空间

　　Jim Gray[①]曾经说过："内存是新的硬盘，硬盘是新的磁带。"内存的容量越来越大，价格也越来越便宜。2012 年年底，亚马逊宣布即将发布一个拥有 240 GB 内存的 EC2 实例，如果放到若干年前来看，这个容量就算是对硬盘来说也是很大的了。即便如此，相比于硬盘而言，内存在今天仍然显得比较昂贵。而 Redis 是一个基于内存的数据库，所有的数据都存储在内存中，所以对成本控制来说，如何优化存储、减少内存空间占用是一个非常重要的话题。

---

① Jim Gray 是 1998 年的图灵奖得主，在数据库（尤其是事务）方面做出过卓越的贡献。他于 2007 年独自驾船在海上失踪。

4.6.1 精简键名和键值

精简键名和键值是最直观的减少内存占用的方式，例如将键名 `very.important.person:20` 改成 `VIP:20`。当然精简键名一定要把握好尺度，不能单纯为了节省空间而使用不易理解的键名（例如将 `VIP:20` 修改为 `V:20`，这样既不易维护，又容易造成命名冲突）。又如一个存储用户性别的字符串类型键的取值是 `male` 和 `female`，我们可以将其分别修改成 `m` 和 `f` 来为每条记录节省几字节的空间（更好的方法是使用 0 和 1 来表示性别，稍后会详细介绍原因）[①]。

4.6.2 内部编码优化

有时候仅凭精简键名和键值所减少的空间并不足以满足需求，此时就需要根据 Redis 内部编码规则来节省更多的空间。Redis 为每种数据类型都提供了两种内部编码方式，以哈希类型为例，哈希类型是通过哈希表实现的，这样就可以实现时间复杂度为 $O(1)$ 的查找、赋值操作，然而当键中元素很少的时候，$O(1)$ 的操作并不会比 $O(n)$ 有明显的性能提高，所以这种情况下 Redis 会采用一种更为紧凑但性能稍差（获取元素的时间复杂度为 $O(n)$）的内部编码方式。内部编码方式的选择对开发者来说是透明的，Redis 会根据实际情况自动调整。当键中元素变多时 Redis 会自动将该键的内部编码方式转换成哈希表。如果想查看一个键的内部编码方式，可以使用 OBJECT ENCODING 命令，例如：

```
redis> SET foo bar
OK
redis> OBJECT ENCODING foo
"raw"
```

Redis 的每个键值都是使用一个 `redisObject` 结构体保存的，`redisObject` 结构体的定义如下：

```
typedef struct redisObject {
    unsigned type:4;
    unsigned notused:2;      /* Not used */
    unsigned encoding:4;
    unsigned lru:22;         /* lru time (relative to server.lruclock) */
    int refcount;
    void *ptr;
} robj;
```

其中，`type` 字段表示的是键值的数据类型，取值可以是如下内容：

---

① 3.2.4 节还介绍过使用字符串类型的位操作来存储性别信息，更加节省空间。

```
#define REDIS_STRING 0
#define REDIS_LIST 1
#define REDIS_SET 2
#define REDIS_ZSET 3
#define REDIS_HASH 4
```

encoding 字段表示的就是 Redis 键值的内部编码方式，取值可以是：

```
#define REDIS_ENCODING_RAW 0      /* Raw representation */
#define REDIS_ENCODING_INT 1      /* Encoded as integer */
#define REDIS_ENCODING_HT 2       /* Encoded as hash table */
#define REDIS_ENCODING_ZIPMAP 3 /* Encoded as zipmap */
#define REDIS_ENCODING_LINKEDLIST 4 /* Encoded as regular linked list */
#define REDIS_ENCODING_ZIPLIST 5 /* Encoded as ziplist */
#define REDIS_ENCODING_INTSET 6 /* Encoded as intset */
#define REDIS_ENCODING_SKIPLIST 7 /* Encoded as skiplist */
#define REDIS_ENCODING_EMBSTR 8 /* Embedded sds string encoding */
```

每种数据类型可能采用的内部编码方式以及相应的 OBJECT ENCODING 命令执行结果如表 4-3 所示。

表 4-3　每种数据类型都可能采用两种内部编码方式之一来存储

数 据 类 型	内部编码方式	OBJECT ENCODING 命令结果
字符串类型	REDIS_ENCODING_RAW	"raw"
	REDIS_ENCODING_INT	"int"
	REDIS_ENCODING_EMBSTR	"embstr"
哈希类型	REDIS_ENCODING_HT	"hashtable"
	REDIS_ENCODING_ZIPLIST	"ziplist"
列表类型	REDIS_ENCODING_LINKEDLIST	"linkedlist"
	REDIS_ENCODING_ZIPLIST	"ziplist"
集合类型	REDIS_ENCODING_HT	"hashtable"
	REDIS_ENCODING_INTSET	"intset"
有序集合类型	REDIS_ENCODING_SKIPLIST	"skiplist"
	REDIS_ENCODING_ZIPLIST	"ziplist"

下面针对每种数据类型分别介绍其内部编码规则及优化方式。

1. 字符串类型

Redis 使用一个 sdshdr 类型的变量来存储字符串，而 redisObject 的 ptr 字段指向的是该变量的地址。sdshdr 的定义如下：

```
struct sdshdr {
    int len;
```

```
        int free;
        char buf[];
    };
```

其中，`len` 字段表示字符串的长度，`free` 字段表示 `buf` 字段中的剩余空间，而 `buf` 字段存储的才是字符串的内容。

　　所以当执行 `SET key foobar` 时，存储键值需要占用的空间是 `sizeof(redisObject)` + `sizeof(sdshdr)` + `strlen("foobar")` = 30 字节[①]，如图 4-5 所示。

　　而当键值内容可以用一个 64 位有符号整数表示时，Redis 会将键值转换成 `long` 类型来存储。例如 `SET key 123456`，实际占用的空间是 `sizeof(redisObject)` = 16 字节，比存储"foobar"节省了一半的存储空间，如图 4-6 所示。

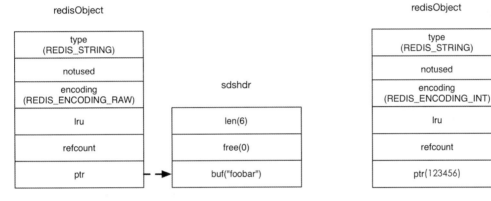

图 4-5　字符串键值"`foobar`"使用 RAW 编码　　图 4-6　字符串键值"`123456`"的
时的内存结构　　　　　　　　　　　　　内存结构

　　`redisObject` 中的 `refcount` 字段存储的是该键值被引用数量，即一个键值可以被多个键引用。Redis 启动后会预先建立 10000 个分别存储 0～9999 这些数字的 `redisObject` 类型变量作为共享对象，如果要设置的字符串键值在这 10000 个数字内（如 `SET key1 123`）则可以直接引用共享对象而不用再建立一个 `redisObject`，也就是说存储键值占用的空间是 0 字节，如图 4-7 所示。

　　由此可见，使用字符串类型键存储对象 ID 这种小数字是非常节省存储空间的，Redis 只需存储键名和一个对共享对象的引用。

> **提示**　当通过配置文件参数 `maxmemory` 设置了 Redis 可用的最大空间时，Redis 不会使用共享对象，因为每一个键值都需要使用一个 `redisObject` 来记录其 LRU 信息。

此外 Redis 3.0 新加入了 `REDIS_ENCODING_EMBSTR` 的字符串编码方式，该编码方式

---

① 本节所说的字节数以 64 位 Linux 操作系统为前提。

与 REDIS_ENCODING_RAW 类似，都是基于 sdshdr 实现的，只不过 sdshdr 的结构体与其对应的分配在同一块连续的内存空间中，如图 4-8 所示。

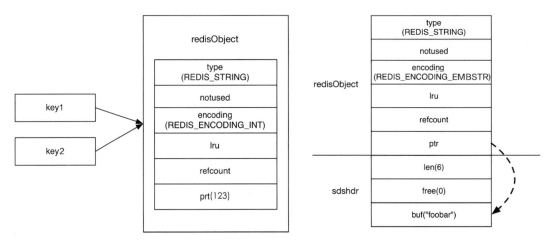

图 4-7　当执行了 SET key1 123 和 SET key2 123 后，key1 和 key2 两个键都直接引用了一个已经建立好的共享对象，节省了存储空间

图 4-8　字符串键值"foobar"使用 EMBSTR 编码时的内存结构

使用 REDIS_ENCODING_EMBSTR 编码存储字符串后，不论是分配内存还是释放内存，所需要的操作都从两次减少为一次。而且由于内存连续，操作系统缓存可以更好地发挥作用。当键值内容不超过 39 字节时，Redis 会采用 REDIS_ENCODING_EMBSTR 编码，同时当对使用 REDIS_ENCODING_EMBSTR 编码的键值进行任何修改操作时（如 APPEND 命令），Redis 会将其转换成 REDIS_ENCODING_RAW 编码。

2.　哈希类型

哈希类型的内部编码方式可能是 REDIS_ENCODING_HT 或 REDIS_ENCODING_ZIPLIST[①]。在配置文件中可以定义使用 REDIS_ENCODING_ZIPLIST 方式编码哈希类型的时机：

```
hash-max-ziplist-entries 512
hash-max-ziplist-value 64
```

当哈希类型键的字段个数少于 hash-max-ziplist-entries 参数值且每个字段名和字段值的长度都小于 hash-max-ziplist-value 参数值（单位为字节）时，Redis 就会使用 REDIS_ENCODING_ZIPLIST 来存储该键，否则就会使用 REDIS_ENCODING_HT。转换过程是透明的，每当键值变更后，Redis 都会自动判断是否满足条件来完成转换。

REDIS_ENCODING_HT 编码即哈希表，可以实现时间复杂度为 $O(1)$ 的赋值、取值等

---

① 在 Redis 2.4 及以前的版本中，哈希类型键采用 REDIS_ENCODING_HT 或 REDIS_ENCODING_ZIPMAP 的编码方式。

操作，其字段和字段值都是使用 redisObject 存储的，所以前面讲到的字符串类型键值的优化方法同样适用于哈希类型键的字段和字段值。

> **提示** Redis 的键值对存储也是通过哈希表实现的，与 REDIS_ENCODING_HT 编码方式类似，但是键名并不是使用 redisObject 存储的，所以键名 "123456" 并不会比 "abcdef" 占用更少的内存空间。之所以不对键名进行优化，是因为绝大多数情况下键名都不是纯数字。

> **补充知识** Redis 支持多数据库，每个数据库中的数据都是通过结构体 redisDb 存储的。redisDb 的定义如下：
>
> ```
> typedef struct redisDb {
>     dict *dict;                 /* The keyspace for this DB */
>     dict *expires;              /* Timeout of keys with a timeout set */
>     dict *blocking_keys;        /* Keys with clients waiting for data (BLPOP) */
>     dict *ready_keys;           /* Blocked keys that received a PUSH */
>     dict *watched_keys;         /* WATCHED keys for MULTI/EXEC CAS */
>     int id;
> } redisDb;
> ```
>
> dict 类型就是哈希表结构，expires 存储的是数据的过期时间。当 Redis 启动时，它会根据配置文件中 databases 参数指定的数量创建若干 redisDb 类型变量来存储不同数据库中的数据。

REDIS_ENCODING_ZIPLIST 编码类型是一种紧凑的编码格式，它牺牲了部分读取性能以换取极高的空间利用率，适合在元素较少时使用。该编码类型同样还在列表类型和有序集合类型中使用。REDIS_ENCODING_ZIPLIST 编码的内存结构如图 4-9 所示，其中 zlbytes 是 uint32_t 类型，表示整个结构体占用的空间。zltail 也是 uint32_t 类型，表示到最后一个元素的偏移量，记录 zltail 使得程序可以直接定位到末尾元素而无须遍历整个结构体，执行从末尾弹出（对列表类型而言）等操作时速度更快。zllen 是 uint16_t 类型，存储的是元素的数量。zlend 是一个单字节标识，标记结构体的末尾，值永远是 255。

在 REDIS_ENCODING_ZIPLIST 中，每个元素由 4 个部分组成。

第一个部分用来存储前一个元素的大小以实现倒序查找，当前一个元素的大小小于 254 字节时，第一个部分占用 1 字节，否则会占用 5 字节。

第二、三个部分分别是元素的编码类型和元素的大小，当元素的大小小于或等于 63 字节时，元素的编码类型是 ZIP_STR_06B（即 0<<6），同时第三个部分用 6 个二进制位来记录元素的长度，所以第二、三个部分总占用空间是 1 字节。当元素的大小大于 63 字节

且小于或等于 16383 字节时,第二、三个部分总占用空间是 2 字节。当元素的大小大于 16383 字节时,第二、三个部分总占用空间是 5 字节。

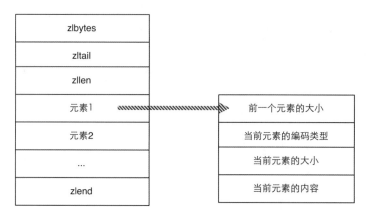

图 4-9 REDIS_ENCODING_ZIPLIST 编码的内存结构

第四个部分是元素的实际内容,如果元素可以转换成数字的话,Redis 会使用相应的数字类型来存储以节省空间,并用第二、三个部分来表示数字的类型(int16_t、int32_t 等)。

使用 REDIS_ENCODING_ZIPLIST 编码存储哈希类型时,元素的排列方式是:元素 1 存储字段 1,元素 2 存储字段值 1,依次类推,如图 4-10 所示。

例如,当执行命令 HSET hkey foo bar 命令后,hkey 键值的内存结构如图 4-11 所示。

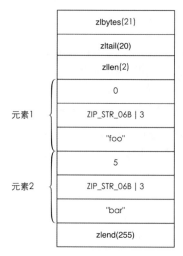

图 4-10 使用 REDIS_ENCODING_ZIPLIST 编码存储哈希类型的内存结构

图 4-11 hkey 键值的内存结构

下次需要执行 HSET hkey foo anothervalue 时,Redis 需要从头开始找到值为 foo 的元素(查找时每次都会跳过一个元素以保证只查找字段名),找到后删除其下一个元素,并将新值 anothervalue 插入。删除和插入都需要移动后面的内存数据，而且查找操作也需要遍历才能完成，可想而知当哈希键中数据多时性能将很低，所以不宜将 hash-max-ziplist-entries 和 hash-max-ziplist-value 两个参数设置得很大。

3. 列表类型

列表类型的内部编码方式可能是 REDIS_ENCODING_LINKEDLIST 或 REDIS_ENCODING_ZIPLIST。同样，在配置文件中可以定义使用 REDIS_ENCODING_ZIPLIST 方式编码的时机：

```
list-max-ziplist-entries 512
list-max-ziplist-value 64
```

具体转换方式和哈希类型一样，这里不再赘述。

REDIS_ENCODING_LINKEDLIST 编码方式即双向链表，链表中的每个元素是用 redisObject 存储的，所以此种编码方式下元素值的优化方法与字符串类型的键值相同。

而使用 REDIS_ENCODING_ZIPLIST 编码方式时具体的表现和哈希类型一样，因为 REDIS_ENCODING_ZIPLIST 编码方式同样支持倒序访问，所以采用此种编码方式时获取两端的数据依然较快。

Redis 最新的开发版本新增了 REDIS_ENCODING_QUICKLIST 编码方式，该编码方式是 REDIS_ENCODING_LINKEDLIST 和 REDIS_ENCODING_ZIPLIST 的结合，其原理是将一个长列表分成若干以链表形式组织的 ziplist，从而达到减少空间占用的同时提升 REDIS_ENCODING_ZIPLIST 编码的性能的效果。

4. 集合类型

集合类型的内部编码方式可能是 REDIS_ENCODING_HT 或 REDIS_ENCODING_INTSET。当集合中的所有元素都是整数且元素的个数小于配置文件中的 set-max-intset-entries 参数指定值（默认是 512）时，Redis 会使用 REDIS_ENCODING_INTSET 编码存储该集合，否则会使用 REDIS_ENCODING_HT 来存储。

使用 REDIS_ENCODING_INTSET 编码存储结构体 intset 的定义是：

```
typedef struct intset {
    uint32_t encoding;
    uint32_t length;
    int8_t contents[];
} intset;
```

其中，contents 存储的就是集合中的元素值，根据 encoding 的不同，每个元素占用的字节大小不同。默认的 encoding 是 INTSET_ENC_INT16（即 2 字节），当新增加的整数元素无法使用 2 字节表示时，Redis 会将该集合的 encoding 升级为 INTSET_ENC_INT32（即 4 字节）并调整之前所有元素的位置和长度，同样集合的 encoding 还可升级为 INTSET_ENC_INT64（即 8 字节）。

REDIS_ENCODING_INTSET 编码以有序的方式存储元素（所以使用 SMEMBERS 命令获得的结果是有序的），使得可以使用二分法查找元素。然而无论是添加还是删除元素，Redis 都需要调整后面元素的内存位置，所以当集合中的元素太多时性能较低。

当新增加的元素不是整数或集合中的元素数量超过了 set-max-intset-entries 参数指定值时，Redis 会自动将该集合的存储结构转换成 REDIS_ENCODING_HT。

> **注意**　当集合的存储结构转换成 REDIS_ENCODING_HT 后，即使将集合中的所有非整数元素删除，Redis 也不会自动将存储结构转换回 REDIS_ENCODING_INTSET。因为如果要支持自动回转，就意味着 Redis 在每次删除元素时都需要遍历集合中的键来判断是否可以转换回原来的编码，这会使删除元素变成时间复杂度为 $O(n)$ 的操作。

5. 有序集合类型

有序集合类型的内部编码方式可能是 REDIS_ENCODING_SKIPLIST 或 REDIS_ENCODING_ZIPLIST。同样，在配置文件中可以定义使用 REDIS_ENCODING_ZIPLIST 方式编码的时机：

```
zset-max-ziplist-entries 128
zset-max-ziplist-value 64
```

具体规则和哈希类型及列表类型一样，不再赘述。

当编码方式是 REDIS_ENCODING_SKIPLIST 时，Redis 使用哈希表和跳跃列表（skip list）两种数据结构来存储有序集合类型键值，其中哈希表用来存储元素值与元素分数的映射关系，以实现时间复杂度为 $O(1)$ 的 ZSCORE 等命令。跳跃列表用来存储元素的分数以及其到元素值的映射以实现排序的功能。Redis 对跳跃列表的实现进行了几点修改，其中包括允许跳跃列表中的元素（即分数）相同，以及为跳跃链表每个节点增加了指向前一个元素的指针以实现倒序查找。

采用此种编码方式时，元素值是使用 redisObject 存储的，所以可以使用字符串类型键值的优化方式优化元素值，而元素的分数是使用 double 类型存储的。

使用 REDIS_ENCODING_ZIPLIST 编码时有序集合存储的方式按照"元素 1 的值，元素 1 的分数，元素 2 的值，元素 2 的分数"的顺序排列，并且分数是有序的。

第 5 章

实践

小白把宋老师向自己讲解的知识总结成一篇帖子发到了学校的网站上，引起了强烈的反响。很多同学希望宋老师能够再写一些关于 Redis 实践方面的教程，宋老师爽快地答应了。

在此之前我们进行的操作都是通过 Redis 的命令行客户端 redis-cli 进行的，并没有介绍实际编程时如何操作 Redis。本章将会通过 4 个实例分别介绍 Redis 的 PHP、Ruby、Python 和 Node.js 客户端的使用方法，即使你不了解其中的某些语言，粗浅地阅读一下也能收获很多实践方面的技巧。

5.1 PHP 与 Redis

Redis 官方推荐的 PHP 客户端是 Predis 和 phpredis。前者是完全使用 PHP 代码实现的原生客户端，而后者则是使用 C 语言编写的 PHP 扩展。在功能上两者区别并不大，就性能而言后者会更胜一筹。考虑到很多主机并未提供安装 PHP 扩展的权限，本节会以 Predis 为示例介绍如何在 PHP 中使用 Redis。

虽然 Predis 的性能逊于 phpredis，但是除非执行大量 Redis 命令，否则很难区分二者的性能。而且实际应用中执行 Redis 命令的开销更多在网络传输上，单纯注重客户端的性能意义不大。读者在开发时可以根据自己的项目需要来权衡使用哪个客户端。

Predis 最新版对 PHP 版本的最低要求为 7.2。

5.1.1 安装

安装 Predis 可以克隆其版本库（`git clone https://github.com/predis/predis.`

git），也可以直接从 GitHub 项目主页中下载代码的 ZIP 压缩包，目前最新版是 v1.1.7。下载后解压并将整个文件夹复制到项目目录中即可使用。

使用时首先需要导入 Autoloader.php 文件：

```
require 'Predis/Autoloader.php';
Predis\Autoloader::register();
```

Predis 使用了 PHP 5.3 中的命名空间特性，并支持 PSR-4 标准[①]。Autoloader.php 文件通过定义 PHP 的自动加载函数实现了该标准，所以导入 Autoloader.php 文件后就可以自动根据命名空间和类名来自动加载相应的文件了。例如：

```
$redis = new Predis\Client();
```

会自动加载 Predis 目录下的 Client.php 文件。如果你的项目使用的 PHP 框架已经支持了这一标准，就无须再次导入 Autoloader.php 文件了。

5.1.2 使用方法

首先创建一个到 Redis 的连接：

```
$redis = new Predis\Client();
```

该行代码会默认 Redis 的 IP 地址为 127.0.0.1，端口号为 6379。如果需要更改 IP 地址或端口号，可以使用：

```
$redis = new Predis\Client([
    'scheme' => 'tcp',
    'host'   => '127.0.0.1',
    'port'   => 6379,
]);
```

作为开始，我们首先使用 GET 命令作为测试：

```
echo $redis->get('foo');
```

该行代码获得了键名为 foo 的字符串类型键的值并输出出来，如果不存在则会返回 NULL。

当 foo 键的类型不是字符串类型（如列表类型）时会报异常，可以为该行代码加上异常处理：

```
try {
  echo $redis->get('foo');
} catch (Exception $e) {
```

① PSR（PHP Standards Recommendation）是由 PHP Framework Interoperability Group 制定的代码标准。PSR 有 5 个标准，分别为 PSR-0、PSR-1、PSR-2、PSR-3 和 PSR-4，其中最新的标准是 PSR-4，定义了 PHP 命名空间与文件路径的对应关系。

```
    echo "Message: {$e->getMessage()}";
}
```

此时输出的内容为："`Message: ERR Operation against a key holding the wrong kind of value`"。

调用其他命令的方法和 `GET` 命令一样，如要执行 `LPUSH numbers 1 2 3`：

```
$redis->lpush('numbers', '1', '2', '3');
```

5.1.3 简便用法

为了使开发更方便，Predis 为许多命令额外提供了简便用法，这里选择几个典型的用法依次介绍。

1. MGET/MSET

Predis 调用 `MSET` 命令时支持将 PHP 的关联数组直接作为参数，就像这样：

```
$userName = array(
    'user:1:name' => 'Tom',
    'user:2:name' => 'Jack'
);

// 相当于 $redis->mset('user:1:name', 'Tom', 'user:2:name', 'Jack');
$redis->mset($userName);
```

同样，`MGET` 命令支持一个数组作为参数：

```
$users = array_keys($userName);
print_r($redis->mget($users));
```

打印的结果为：

```
Array
(
    [0] => Tom
    [1] => Jack
)
```

2. HMSET/HMGET/HGETALL

Predis 调用 `HMSET` 命令的方式和 `MSET` 命令类似，如：

```
$user1 = array(
    'name' => 'Tom',
    'age'  => '32'
);

$redis->hmset('user:1', $user1);
```

HMGET 命令与 MGET 命令类似，不再赘述。最方便的是 HGETALL 命令，Predis 会将 Redis 返回的结果组装成关联数组返回：

```
$user = $redis->hgetall('user:1');
echo $user['name']; // 'Tom'
```

3. LPUSH/SADD/ZADD

LPUSH 命令和 SADD 命令的调用方式类似：

```
$items = array('a', 'b');

// 相当于$redis->lpush('list', 'a', 'b');
$redis->lpush('list', $items);

// 相当于$redis->sadd('set', 'a', 'b');
$redis->sadd('set', $items);
```

而 ZADD 命令的调用方式为：

```
$itemScore = array(
    'Tom'  => '100',
    'Jack' => '89'
);


// 相当于$redis->zadd('zset', '100', 'Tom', '89', 'Jack');
$redis->zadd('zset', $itemScore);
```

4. SORT

在 Predis 中调用 SORT 命令的方式和其他命令不同，必须将 SORT 命令中除键名外的其他参数作为关联数组传入函数中。例如对 SORT mylist BY weight_* LIMIT 0 10 GET value_* GET # ASC ALPHA STORE result 这条命令而言，使用 Predis 的调用方法如下：

```
$redis->sort('mylist', array(
    'by'    => 'weight_*',
    'limit' => array(0, 10),
    'get'   => array('value_*', '#'),
    'sort'  => 'asc',
    'alpha' => true,
    'store' => 'result'
));
```

5.1.4 实践：用户注册登录功能

本节将使用 PHP 和 Redis 实现用户注册与登录功能，下面分模块来介绍具体实现方法。

1. 注册

需求描述：用户注册时需要提交邮箱、登录密码和昵称。其中，邮箱是用户的唯一标识，每个用户的邮箱不能重复，但允许用户修改自己的邮箱。

我们使用哈希类型来存储用户资料，键名为"user:用户 ID"。其中，用户 ID 是一个自增的数字，之所以使用 ID 而不是邮箱作为用户的标识，是因为考虑到在其他键中可能会通过用户的标识与用户对象相关联，如果使用邮箱作为用户的标识的话，在用户修改邮箱时就不得不同时修改大量的键名或键值。为了尽可能地减少要修改的地方，我们只把邮箱作为该哈希键的一个字段。为此还需要使用一个哈希类型键 email.to.id 来记录邮箱和用户 ID 间的对应关系，以便在登录时能够通过邮箱获得用户的 ID。

用户填写并提交注册表单后首先需要验证用户输入，在项目目录中建立一个 register.php 文件来实现用户注册的逻辑。验证部分的代码如下：

```
// 设置 Content-type 以使浏览器可以使用正确的编码显示提示信息
// 具体的编码需要根据文件实际编码选择，此处是 utf-8
header("Content-type: text/html; charset=utf-8");

if(!isset($_POST['email']) ||
   !isset($_POST['password']) ||
   !isset($_POST['nickname'])) {
    echo '请填写完整的信息。';
    exit;
}

$email = $_POST['email'];
// 验证用户提交的邮箱是否正确
if(!filter_var($email, FILTER_VALIDATE_EMAIL)) {
    echo '邮箱格式不正确，请重新检查';
    exit;
}

$rawPassword = $_POST['password'];
// 验证用户提交的密码是否安全
if(strlen($rawPassword) < 6) {
    echo '为了保证安全，密码长度至少为 6。';
    exit;
}

$nickname = $_POST['nickname'];
// 对不同的网站用户昵称有不同的要求，这里不再做检查，即使为空也可以

// 而后我们需要判断用户提交的邮箱是否被注册了
$redis = new Predis\Client();
if($redis->hexists('email.to.id', $email)) {
    echo '该邮箱已经被注册过了。';
```

```
    exit;
}
```

　　验证通过后接下来就需要将用户资料存入 Redis 中。在存储的时候要记住使用哈希函数处理用户提交的密码,避免在数据库中存储明文密码。原因是即使数据库中数据泄露(外部原因或内部原因都有可能),攻击者也无法获得用户的真实密码,也就无法正常地登录进入系统。更重要的是考虑到用户很可能在其他网站中也使用了同样的密码,所以明文密码泄露还会给用户造成额外的损失。

　　除此之外,还要避免使用处理速度较快的哈希函数处理密码以防止攻击者使用穷举法破解密码,并且需要为每个用户生成一个随机的“盐”(salt)以避免攻击者使用彩虹表破解。这里作为示例,我们使用 Bcrypt 算法来对密码进行哈希。PHP 5.3 中提供的 crypt() 函数支持 Bcrypt 算法,我们可以实现一个函数来随机生成盐并调用 crypt() 函数获得哈希后的密码:

```php
function bcryptHash($rawPassword, $round = 8)
{
    if ($round < 4 || $round > 31) $round = 8;
    $salt = '$2a$' . str_pad($round, 2, '0', STR_PAD_LEFT) . '$';
    $randomValue = openssl_random_pseudo_bytes(16);
    $salt .= substr(strtr(base64_encode($randomValue), '+', '.'), 0, 22);
    return crypt($rawPassword, $salt);
}
```

> **提示**　openssl_random_pseudo_bytes() 函数需要安装 OpenSSL 扩展。

　　之后使用如下代码获得哈希后的密码:

```php
$hashedPassword = bcryptHash($rawPassword);
```

　　存储用户资料就很简单了,所有命令都在第 3 章介绍过。关键代码如下:

```php
// 获取一个自增的用户 ID
$userID = $redis->incr('users:count');
// 存储用户信息
$redis->hmset("user:{$userID}", array(
    'email'    => $email,
    'password'    => $hashedPassword,
    'nickname'    => $nickname
));

// 记录下邮箱和用户 ID 的对应关系
$redis->hset('email.to.id', $email, $userID);

// 提示用户注册成功
echo '注册成功!';
```

大多数情况下，在注册时我们需要验证用户的邮箱，不过这部分的逻辑与忘记密码部分相似，所以在这里我们不做更多的介绍。

2. 登录

需求描述：用户登录时需要提交邮箱和登录密码，如果正确则输出"登录成功"，否则输出"用户名或密码错误"。

当用户提交邮箱和登录密码后首先通过 email.to.id 键获得用户 ID，然后将用户提交的登录密码使用同样的盐进行哈希并与数据库存储的密码比对，如果一样则表示登录成功。我们新建一个 login.php 文件来处理用户的登录，处理该逻辑的部分代码如下：

```
header("Content-type: text/html; charset=utf-8");
if(!isset($_POST['email']) ||
    !isset($_POST['password'])) {
    echo '请填写完整的信息。';
    exit;
}

$email = $_POST['email'];
$rawPassword = $_POST['password'];

// 获得用户的 ID
$userID = $redis->hget('email.to.id', $email);

if(!$userID) {
    echo '用户名或密码错误。';
    exit;
}

$hashedPassword = $redis->hget("user:{$userID}", 'password');
```

现在我们得到了之前存储过的经过哈希后的密码，接着定义一个函数来对用户提交的密码进行哈希处理。BcryptHash() 函数中返回的密码中已经包含了盐，所以只需要直接将哈希后的密码作为 crypt() 函数的第二个参数，crypt() 函数会自动地提取出密码中的盐：

```
function bcryptVerify($rawPassword, $storedHash)
{
    return crypt($rawPassword, $storedHash) == $storedHash;
}
```

之后就可以使用此函数进行比对了：

```
if(!bcryptVerify($rawPassword, $hashedPassword)) {
    echo '用户名或密码错误。';
    exit;
```

```
}

echo '登录成功！';
```

3．忘记密码

需求描述：当用户忘记密码时可以输入自己的邮箱，系统会发送一封包含更改密码的链接的邮件，用户点击该链接后会进入密码修改页面。该模块的访问频率限制为每分钟 10 次以防止恶意用户通过此模块向某个邮箱地址大量发送垃圾邮件。

当用户在忘记密码的页面输入邮箱后，我们的程序需要做两件事。

（1）进行访问频率限制。这里使用 4.2.3 节介绍的方法，以邮箱为标识符对发送修改密码邮件的过程进行访问频率限制。在用户提交了邮箱地址后，首先验证邮箱地址是否正确，如果正确则检查访问频率是否超限：

```php
$keyName = "rate.limiting:{$email}";
$now = time();

if($redis->llen($keyName) < 10) {
    $redis->lpush($keyName, $now);
} else {
    $time = $redis->lindex($keyName, -1);
    if($now - $time < 60) {
        echo '访问频率超过了限制，请稍后再试。';
      exit;
    } else {
        $redis->lpush($keyName, $now);
        $redis->ltrim($keyName, 0, 9);
    }
}
```

一般在全站中还会有针对 IP 地址的访问频率限制，原理与此类似。

（2）发送修改密码邮件。用户通过访问频率限制后，我们会为其生成一个随机的验证码，并将验证码通过邮件发送给用户。同时在程序中要把用户的邮箱地址存入名为 `retrieve.password.code:`哈希后的验证码的字符串类型键中，然后使用 `EXPIRE` 命令为其设置一个生存时间（如 1 小时）以提供安全性并且保证及时释放存储空间。因为忘记密码需要的安全等级与用户注册登录相同，所以我们依然使用 Bcrypt 算法来对验证码进行哈希，具体的算法同上，这里不再赘述。

5.2　Ruby 与 Redis

Redis 官方推荐的 Ruby 客户端是 redis-rb，也是各种语言的 Redis 客户端中最为稳定的一个。其主要代码贡献者就是 Redis 的开发者之一 Pieter Noordhuis。

5.2.1　安装

使用 `gem install redis` 安装最新版本的 redis-rb，目前的最新版本是 4.2.5。

5.2.2　使用方法

创建到 Redis 的连接很简单：

```
require 'redis'
```

```
redis = Redis.new
```

该行代码会默认 Redis 的 IP 地址为 127.0.0.1，端口号为 6379。如果需要更改 IP 地址或端口号，可以使用：

```
redis = Redis.new(host: "10.0.1.1", port: 6380)
```

redis-rb 的官方文档相对比较详细，所以具体的使用方法可以见其 GitHub 主页。这里从其中挑出几个比较有代表性的命令作为示例：

```
r.set('redis_db', 'great k / v storage') # => OK
r.get('redis_db')                        # => "great k / v storage"
r.incrby('counter', 99)                  # => 99
```

5.2.3　简便用法

redis-rb 最便捷的命令调用方法就是对 `SET` 和 `GET` 命令使用别名 `[]`，例如：

```
redis.set('key', 'value')
```

可以写成

```
redis['key'] = 'value'
```

同样

```
value = redis.get('key')
```

可以写成

```
value = redis['key']
```

另外，对于事务的返回值可以提前设置对结果的引用，就像这样：

```
redis.multi do
    redis.set('key', 'hi')
    @value = redis.get('key')
```

```
    redis.set('key', '2')
    @number = redis.incr('key')
end

p @value.value   # 输出"hi"
p @number.value  # 输出 3
```

5.2.4　实践：自动完成

现在很多网站都有标签功能，用户可以给某个项目（如文章、图书等）添加标签，也可以通过标签查询项目。在很多时候，我们都希望在用户输入标签时网站可以自动帮助用户补全要输入的标签，如图 5-1 所示。

这样做一是可以节约用户的输入时间，二是在创建标签时可以起到规范标签的作用，避免用户输入标签时可能出现的拼写错误。

下面介绍两种在 Redis 中实现补全提示的方法，并会挑选一种用 Ruby 来实现。

第一种方法：为每个标签的每个前缀都使用一个集合类型键来存储该前缀对应的标签名。例如"ruby"的所有前缀分别是"r""ru"和"rub"，我们为这 3 个前缀对应的集合类型键都加入元素"ruby"。

当有"ruby"和"redis"两个标签时，Redis 中存储的内容如图 5-2 所示，用户输入"r"时就可以通过读取键"prefix:r"来获取以"r"开头的标签"ruby"和"redis"。

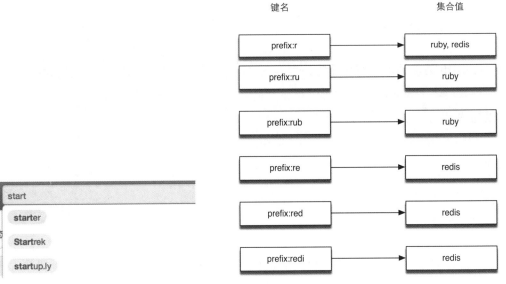

图 5-1　输入"start"后网站会列出以
　　　　"start"开头的标签

图 5-2　"ruby"和"redis"两个标签的
　　　　索引存储结构（1）

此时就可以将这两个标签提示给用户了。更进一步，我们还可以存储每个标签的访问量，使得我们可以利用 SORT 命令配合 BY 参数把最热门的标签排在前面。

第二种方法通过有序集合实现，该方法是由 Redis 的作者 Salvatore Sanfilippo 介绍的。

3.6 节介绍过有序集合类型的一个特性是，当元素的分数一样时会按照元素值的字典顺序排序。利用这一特性只使用一个有序集合类型键就能实现标签的补全功能，准备过程如下。

（1）把每个标签名的所有前缀作为元素存入键中，分数均为 0。

（2）将每个标签名后面都加上"*"符号并存入键中，分数也为 0。

准备过后的存储情况如图 5-3 所示。

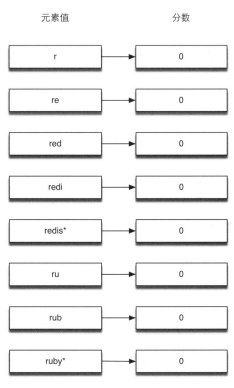

因为所有元素的分数都相同，所以该有序集合键中的项目相当于全部按照字典顺序排序（即图 5-3 所示的顺序）。这样当用户输入"r"时就可以按照如下流程获取要提示给用户的标签。

（1）获取"r"的排名：ZRANK autocomplete r，在这里的返回值是 0。

（2）获取"r"之后的 N 个元素，如当 N=100 时：ZRANGE autocomplete 1 101。N 的取值与标签的平均长度和需要获得的标签数量有关，可以根据实际情况自行调整。

（3）遍历返回的结果，找出其中以"*"结尾的且以"r"开头的元素，此时将"*"去掉后就是我们需要的结果了。

下面我们写一个小程序来作为示例，程序启动时会从一个文本文件中读取所有标签列表，然后接收用户输入并返回相应的补全结果。

文本文件的样例内容如下：

我的中国心
我的中国话
你好吗
我和你
你一路走来
你从哪里来

当用户输入"我的"时程序会打印如下内容：

我的中国心
我的中国话

图 5-3　"ruby"和"redis"两个标签的索引存储结构（2）

具体的实现方法是，首先我们定义一个函数来获得标签的前缀（包括标签加上星号）：

```
# 获得标签的所有前缀
#
# @example
#   get_prefixes('word')
#   # => ['w', 'wo', 'wor', 'word*']
def get_prefixes(word)
  Array.new(word.length) do |i|
    if i == word.length - 1
      "#{word}*"
    else
      word[0..i]
    end
  end
end
```

接着我们加载 redis-rb，并建立到 Redis 的连接：

```
require 'redis'
```

```
# 建立到默认地址和端口的 Redis 的连接
redis = Redis.new
```

为了保证可以重复执行此程序，我们需要删除之前建立的键，以免影响本次的结果：

```
redis.del('autocomplete')
```

下面是准备阶段，程序从 words.txt 文件读取标签列表，并获得每个标签的前缀加入有序集合键中：

```
argv = []
File.open('words.txt').each_line do |word|
  get_prefixes(word.chomp).each do |prefix|
    argv << [0, prefix]
  end
end
redis.zadd('autocomplete', argv)
```

redis-rb 的 zadd() 函数支持两种方式的参数：当只加入一个元素时使用 redis.zadd (key, score, member)，当同时加入多个元素时使用 redis.zadd(key, [[score1, member1], [score2, member2], ...])，上面的代码使用的是后一种方式。

最后一步我们通过循环来接收用户的输入并查询对应的标签：

```
while prefix = gets.chomp do
  result = []
  if (rank = redis.zrank('autocomplete', prefix))
    # 存在以用户输入的内容为前缀的标签
    redis.zrange('autocomplete', rank + 1, rank + 100).each do |words|
      # 获得该前缀后的 100 个元素
      if words[-1] == '*' && prefix == words[0..prefix.length - 1]
        # 如果以"*"结尾并以用户输入的内容为前缀，则加入结果中
```

```
          result << words[0..-2]
        end
      end
    end
    # 打印结果
    puts result
end
```

5.3 Python 与 Redis

Redis 官方推荐的 Python 客户端是 redis-py。

5.3.1 安装

推荐使用 `pip install redis` 安装最新版本的 redis-py。

5.3.2 使用方法

首先需要导入 redis-py：

```
import redis
```

下面的代码将创建一个默认连接到 IP 地址 127.0.0.1，端口号为 6379 的 Redis 连接：

```
r = redis.StrictRedis()
```

也可以显式地指定需要连接的 IP 地址：

```
r = redis.StrictRedis(host='127.0.0.1', port=6379, db=0)
```

使用起来很容易，这里以 SET 和 GET 命令作为示例：

```
r.set('foo', 'bar')  # True
r.get('foo')         # 'bar'
```

5.3.3 简便用法

1. HMSET/HGETALL

HMSET 命令支持将字典作为参数存储，同时 HGETALL 命令的返回值也是一个字典，搭配使用十分方便：

```
r.hmset('dict', {'name': 'Bob'})
people = r.hgetall('dict')

print people  # {'name': 'Bob'}
```

2. 事务和管道

redis-py 的事务使用方式如下：

```
pipe = r.pipeline()
pipe.set('foo', 'bar')
pipe.get('foo')
result = pipe.execute()

print result  # [True, 'bar']
```

管道的使用方式和事务相同，只不过需要在创建时加上参数 transaction=False：

```
pipe = r.pipeline(transaction=False)
```

事务和管道还支持链式调用：

```
result = r.pipeline().set('foo', 'bar').get('foo').execute()
# [True, 'bar']
```

5.3.4 实践：在线的好友

一般的社交网站上都可以看到用户在线的好友列表，如图 5-4 所示。在 Redis 中可以很容易地实现这个功能。

在线好友其实就是全站在线用户的集合和某个用户所有好友的集合取交集的结果。如果现在我们的网站就是使用集合类型键来存储用户的好友 ID 的，那么只需要一个存储在线用户列表的集合。如何判定一个用户是否在线呢？通常的方法是每当用户发送 HTTP 请求时都记录下请求发生的时间，所有指定时间内发送过请求的用户就算作在线用户。这段时间根据场景不同取值也不同，以 10 分钟为例：某个用户发送了一个 HTTP 请求，9 分钟后系统仍然认为他是在线的，但到了第 11 分钟就不算作他在线了。

在 Redis 中我们可以每隔 10 分钟就使用一个键来存储该 10 分钟内发送过 HTTP 请求的用户 ID 列表。例如 12 点 20 分～12 点 29 分的用户 ID 存储在 active.users:2 中，12 点 30 分～12 点 39 分的用户 ID 存储在 active.users:3 中，以此类推（注

图 5-4　某网站上用户的在线好友列表

意每次调用 SADD 命令增加用户 ID 时需要同时设置键的生存时间在 50 分钟内以防止命名冲突）。这样要获得当前在线用户只需要读取当前分钟数对应的键。不过这种方案会造成较大的误差，例如某个用户在 29 分访问了一个页面，他的 ID 被记录在 `active.users:2` 键中，而在 30 分时系统会读取 `active.users:3` 键来获取在线用户列表，即该用户的在线状态只持续了 1 分钟而不是预想的 10 分钟。

此时就需要粒度更小的记录方案来解决这个问题。

一种方法是，我们可以将原先每 10 分钟记录一个键改为每分钟记录一个键，即在 12 点 29 分访问的用户的 ID 将会被记录在 `active.users:29` 中。而判断一个用户是否在最近 10 分钟在线，只需要判断其在最近的 10 个集合键中是否出现过至少一次，这一过程可以通过 SUNION 命令实现。

下面介绍使用 Python 来实现这一过程。这里使用了 web.py 框架，web.py 是一个易于使用的 Python 网站开发框架，可以通过 `sudo pip install web.py` 来安装它。

代码如下：

```python
# -*- coding: utf-8 -*-
import web
import time
import redis

r = redis.StrictRedis()

""" 配置路由规则
'/':        模拟用户的访问
'/online': 查看在线用户
"""
urls = (
    '/', 'visit',
    '/online', 'online'
)
app = web.application(urls, globals())

""" 返回当前时间对应的键名
如 28 分对应的键名是 active.users:28
"""
def time_to_key(current_time):
    return 'active.users:' + time.strftime('%M', time.localtime(current_time))

""" 返回最近 10 分钟的键名
结果是列表类型
"""
def keys_in_last_10_minutes():
    now = time.time()
    result = []
    for i in range(10):
        result.append(time_to_key(now - i * 60))
    return result
```

```
class visit:
    """ 模拟用户访问
    将用户的 User Agent 作为用户的 ID 加入当前时间对应的键中
    """
    def GET(self):
        user_id = web.ctx.env['HTTP_USER_AGENT']
        current_key = time_to_key(time.time())
        pipe = r.pipeline()
        pipe.sadd(current_key, user_id)
        # 设置键的生存时间为 10 分钟
        pipe.expire(current_key, 10 * 60)
        pipe.execute()

        return 'User:\t' + user_id + '\r\nKey:\t' + current_key

class online:
    """ 查看当前在线的用户列表
    """
    def GET(self):
        online_users = r.sunion(keys_in_last_10_minutes())
        result = ''
        for user in online_users:
            result += 'User agent:' + user + '\r\n'
        return result


if __name__ == "__main__":
    app.run()
```

在代码中我们建立了两个页面。首先我们打开 http://127.0.0.1:8080，该页面对应 visit
类，每次访问该页面都会将用户的浏览器 User Agent 存储在记录当前分钟在线用户的键中，
并将 User Agent 和键名显示出来，如图 5-5 所示。

图 5-5　使用 Safari 访问 http://127.0.0.1:8080

从键名可知该次访问是在某时 26 分钟的时候发生的。然后使用另一个浏览器打开该页面，如图 5-6 所示。

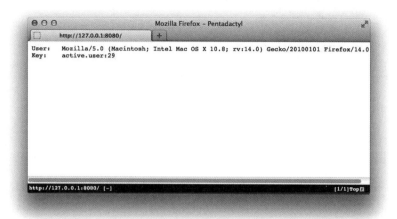

图 5-6　使用 Firefox 访问 http://127.0.0.1:8080

该次访问发生在 29 分钟。最后我们在 37 分钟时访问 http://127.0.0.1:8080/online 来查看当前在线用户列表，如图 5-7 所示。

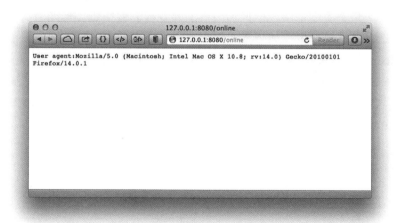

图 5-7　查看在线用户结果

结果与预期一样，在线列表中只有在 29 分钟访问的用户。

另一种方法是有序集合，有时网站本来就要记录全站用户的最后访问时间（如图 5-8 所示），此时就可以直接利用此数据获得最后一次访问发生在 10 分钟内的用户列表（即在线用户）。

图 5-8　Stack Overflow 网站的个人资料页面记录了用户上次访问的时间

我们使用一个有序集合来记录用户的最后访问时间，元素值为用户的 ID，分数为最后一次访问的 Unix 时间。要获得最近 10 分钟访问过的用户列表，可以使用 ZRANGEBYSCORE 命令：

```
ten_minutes_ago = time.time() - 10 * 60
online_users = r.zrangebyscore('last.seen', ten_minutes_ago, '+inf')
```

那么，如何获取在线的好友列表呢（与上一个例子一样，此时依然使用集合类型存储用户的好友列表）？最直接的方法就是将上面存储在线用户列表的 online_users 变量存入 Redis 的一个集合类型键中，然后和用户的好友列表取交集。然而，这种方法需要在服务端和客户端之间传输数据，如果在线用户多的话会有较大的网络开销，而且这种方法也不能通过 Redis 的事务功能实现原子操作。为了解决这些问题，我们希望实现一个方法将 ZRANGEBYSCORE 命令的结果直接存入一个新键中而不返回到客户端。思路如下：

有序集合只有 ZINTERSTORE 和 ZUNIONSTORE 两条命令支持直接将运算结果存入键中，然而这两条命令都不能实现我们想要的操作。所以只能换种思路：既然没办法直接把有序集合中某一分数段的元素存入新键中，那么何不干脆复制一个新建，并使用 ZREMRANGEBYSCORE 命令将我们不需要的分数段的元素删除？

有了这一思路后，下面的实现方法就很简单了，步骤如下。

（1）复制一个 last.seen 键的副本 temp.last.seen，方法为 ZUNIONSTORE temp.last.seen 1 last.seen。在这里我们巧妙地借助了 ZUNIONSTORE 命令实现了对有序集合类型键的复制过程，即参加求并集操作的元素只有一个，结果自然就是它本身。

（2）将不在线的用户（即 10 分钟以前的用户）删除。方法为 ZREMRANGEBYSCORE temp.last.seen 0 *10分钟前的 Unix* 时间。

（3）现在 temp.last.seen 键中存储的就是当前的在线用户了。我们将其和用户的好友列表取交集：ZINTERSTORE online.friends 2 temp.last.seen user:42:friends。

这里我们以 ID 为 42 的用户举例，`user:42:friends` 是存储其好友的集合类型键[①]。

（4）使用 ZRANGE 命令获取 `online.friends` 键的值。

（5）收尾工作，删除 `temp.last.seen` 和 `online.friends` 键。因为 `temp.last.seen` 键可以被所有用户共用，所以可以根据情况将其缓存一段时间，在下次需要生成时先判断是否有该键，如果有则直接使用。

以上 5 步需要使用事务或脚本实现，以保证每个步骤的原子性。

有的时候我们会使用有序集合键来存储用户的好友列表，以记录成为好友的时间，此时步骤（3）依然奏效。

虽然以上的步骤有些复杂，但是实现起来并不难，有兴趣的读者可以自己完成。

5.4　Node.js 与 Redis

对于 Redis 官方推荐的 Node.js 的 Redis 客户端，我们可以选择的有 node_redis 和 ioredis，相比而言，前者发布时间较早，而后者的功能则更加丰富一些。从接口来看，两者的使用方法大同小异，本节将以 ioredis 为例讲解。

5.4.1　安装

使用 `npm install ioredis` 命令安装最新版本的 ioredis。

5.4.2　使用方法

首先加载 ioredis 模块：

```
const Redis = require('ioredis');
```

下面的代码将创建一个默认连接到 IP 地址 127.0.0.1，端口号为 6379 的 Redis 连接：

```
const redis = new Redis();
```

也可以显式地指定需要连接的地址：

```
const redis = new Redis(6379, '127.0.0.1');
```

由于 Node.js 的异步特性，它在处理返回值的时候与其他客户端差别较大。还是以 GET/SET 命令为例：

[①] ZINTERSTORE 命令的参数除有序集合类型外还可以是集合类型，此时的集合类型会被作为分数为 1 的有序集合类型处理。

```
redis.set('foo', 'bar', function () {
  // 此时 SET 命令执行完并返回结果
  // 因为这里并不关心 SET 命令的结果, 所以我们省略了回调函数的形参
  redis.get('foo', function (error, fooValue) {
    // error 参数存储了命令执行时返回的错误消息, 如果没有错误则返回 null
    // 回调函数的第二个参数存储的是命令执行的结果
    console.log(fooValue); // 'bar'
  });
});
```

使用 ioredis 执行命令时需要传入回调函数（callback function）来获得返回值，命令执行完并返回结果后，ioredis 会调用该函数，并将命令的错误消息作为第一个参数、返回值作为第二个参数传递给该函数。同时 ioredis 还支持 Promise 形式的异步处理方式，如果省略最后一个回调函数，命令语句会返回一个 Promise 值，如：

```
redis.get('foo').then(function (fooValue) {
  // fooValue 即键值
});
```

关于 Node.js 的异步模型的介绍超出了本书的范围，有兴趣的读者可以访问 Node.js 的官方网站了解更多信息。

Node.js 的异步模型使得通过 ioredis 调用 Redis 命令的表现与 Redis 的底层管道协议十分相似：调用命令函数时（如 `redis.set()`）并不会等待 Redis 返回命令执行结果，而是直接继续运行下一条语句，所以在 Node.js 中通过异步模型就能实现与管道类似的效果。上面的例子中我们并不需要 SET 命令的返回值，只要保证 SET 命令在 GET 命令前发出即可，所以完全不用等待 SET 命令返回结果后再执行 GET 命令。因此上面的代码可以改写成：

```
// 不需要返回值时可以省略回调函数
redis.set('foo', 'bar');
redis.get('foo', function (error, fooValue) {
  console.log(fooValue); // 'bar'
});
```

不过由于 SET 和 GET 命令并未真正使用 Redis 的管道协议发送，因此当有多个客户端同时向 Redis 发送命令时，上例中的两条命令之间可能会被插入其他命令，换句话说，GET 命令得到的值未必是"bar"。

虽然 Node.js 的异步特性给我们带来了相对更高的性能，然而使用 Redis 实现某个功能时我们经常需要读写若干键，而且很多情况下都会依赖之前命令的返回结果。此时就会出现嵌套多重回调函数的情况，影响代码可读性。就像这样：

```
redis.get('people:2:home', function (error, home) {
  redis.hget('locations', home, function (error, address) {
    redis.exists('address:' + address, function (error, addressExists) {
      if (addressExists) {
```

```
      console.log('地址存在。');
    } else {
      redis.exists('backup.address:' + address, function (error,
backupAddressExists) {
        if (backupAddressExists) {
          console.log('备用地址存在。');
        } else {
          console.log('地址不存在。');
        }
      });
    }
  });
});
```

　　上面的代码并不是极端的情况，相反在实际开发中经常会遇到这种多层嵌套。Node.js 8.0 开始支持异步函数（Async function），而 ioredis 本身内置支持 Promise，这两者结合使得多重回调函数的问题得到解决，代码如下：

```
async function main() {
  const home = await redis.get("people:2:home");
  const address = await redis.hget("locations", home);
  const results = await Promise.all([
    redis.exists(`address:${address}`),
    redis.exists(`backup.address:${address}`),
  ]);
  if (results[0]) {
    console.log("地址存在。");
  } else if (results[1]) {
    console.log("备用地址存在。");
  } else {
    console.log("地址不存在。");
  }
}

main();
```

5.4.3　简便用法

1. HMSET/HGETALL

　　ioredis 同样支持在 HMSET 命令中使用对象作参数（对象的属性值只能是字符串），相应地 HGETALL 命令会返回一个对象。

2. 事务

　　事务的用法如下：

```
const multi = redis.multi();
multi.set('foo', 'bar');
multi.sadd('set', 'a');
multi.exec(function (err, replies) {
    // replies 是一个数组，依次存放事务队列中命令的结果
    console.log(replies);
});
```

或者使用链式调用：

```
redis.multi()
      .set('foo', 'bar')
      .sadd('set', 'a')
      .exec(function (err, replies) {
          console.log(replies);
      });
```

3. "发布/订阅"模式

Node.js 使用事件的方式实现 "发布/订阅" 模式。现在创建两个连接分别充当发布者和订阅者：

```
const pub = new Redis();
const sub = new Redis();
```

而后让 sub 订阅 chat 频道并在订阅成功后发送一条消息：

```
sub.subscribe('chat', function () {
  pub.publish('chat', 'hi!');
});
```

定义当接收到消息时要运行的回调函数：

```
sub.on('message', function (channel, message) {
  console.log('收到' + channel + '频道的消息：' + message);
});
```

运行后可以看到打印的结果：

```
$ node testpubsub.js
收到 chat 频道的消息：'hi!'
```

> **补充知识** 在 ioredis 中建立连接的过程也是异步的，运行 redis = new Redis()
> 后连接并没有立即建立完成。在连接建立完成前执行的命令会被加入离线任务队列中，
> 当连接建立成功后 ioredis 会按照加入的顺序依次执行离线任务队列中的命令。

5.4.4　实践：IP 地址查询

很多场景中网站都需要根据访客的 IP 地址判断访客所在地。假设我们有一个地名和 IP

地址段的对应表[①]：

> 上海：`202.127.0.0 ~ 202.127.4.255`
> 北京：`122.200.64.0 ~ 122.207.255.255`

如果用户的 IP 地址为 122.202.2.0，我们就能根据这个表知道他的地址位于北京。Redis 可以使用一个有序集合类型键来存储这个表。

首先将表中的 IP 地址转换成十进制数字：

> 上海：`3397320704 ~ 3397321983`
> 北京：`2059943936 ~ 2060451839`

然后使用有序集合类型记录这个表。方式为每个地点存储两条数据：一条的元素值是地点名，分数是该地点对应的最大 IP 地址；另一条是"*"加上地点名，分数是该地点对应的最小 IP 地址。存储结构如图 5-9 所示。

在查找某个 IP 地址属于哪个地点时先将该 IP 地址转换成十进制数字，然后在有序集合中找到大于该数字的最小的一个元素，如果该元素不是以"*"开头则表示找到了，如果是则表示数据库中并未记录该 IP 地址对应的地名。

例如我们想找到"122.202.2.0"的所在地，首先将其转换成十进制数字"2060059136"，然后在有序集合中找到第一个大于它的分数为"2060451839"，对应的元素值为"北京"，不是以"*"开头，所以该地址的所在地是北京。

下面介绍使用 Node.js 实现这一过程。首先将表转换成 CSV 格式并存为 ip.csv 文件：

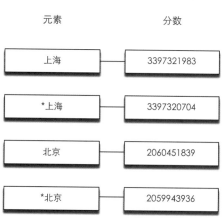

图 5-9　使用有序集合键存储地点和相应 IP 地址范围的存储结构

> 上海,`202.127.0.0,202.127.4.255`
> 北京,`122.200.64.0,122.207.255.255`

而后使用 node-csv 模块[②]加载该 CSV 文件：

```
const fs = require('fs');
const csv = require('csv');
csv.parse(fs.readFileSync('ip.csv', 'utf8'), function (err, records) {
  records.forEach(function (record) {
    importIP(record);
  });
});
```

读取每行数据时，node-csv-parser 模块都会调用 `importIP()` 回调函数。该函数实现如下：

---

① 该表只用于演示用途，其中的数据并不准确。
② 安装方法为 `npm install csv`。

```
const Redis = require('redis');
const redis = new Redis();

// 将 IP 地址数据加入 Redis
// 输入格式："['上海', '202.127.0.0', '202.127.4.255']"
function importIP (data) {
  var location = data[0];
  var minIP = convertIPtoNumber(data[1]);
  var maxIP = convertIPtoNumber(data[2]);
  // 将数据加入有序集合中，键名为'ip'
  redis.zadd('ip', minIP, '*' + location, maxIP, location);
}
```

其中，`convertIPtoNumber()` 函数用来将 IP 地址转换成十进制数字：

```
// 将 IP 地址转换成十进制数字
// convertIPtoNumber('127.0.0.1') => 2130706433
function convertIPtoNumber(ip) {
  var result = '';
  ip.split('.').forEach(function (item) {
    item = ~~item;
    item = item.toString(2);
    item = pad(item, 8);
    result += item;
  });
  return parseInt(result, 2);
}
```

`pad()` 函数用于将二进制数补全为 8 位：

```
// 在字符串前补'0'。
// pad('11', 3) => '011'
function pad(num, n) {
    var len = num.length;
    while(len < n) {
        num = '0' + num;
        len++;
    }
    return num;
}
```

至此，数据准备工作完成了，现在我们提供一个接口来供用户查询：

```
const readline = require('readline');

const rl = readline.createInterface({
  input: process.stdin,
  output: process.stdout
});

rl.setPrompt('IP> ');
```

```
rl.prompt();

rl.on('line', function (line) {
    ip = convertIPtoNumber(line);
    redis.zrangebyscore('ip', ip, '+inf', 'LIMIT', '0', '1', function (err,result) {
        if (!Array.isArray(result) || result.length === 0) {
            // 该 IP 地址超出了数据库记录的最大 IP 地址
            console.log('No data.');
        } else {
            var location = result[0];
            if (location[0] === '*') {
                // 该 IP 地址不属于任何一个 IP 地址段
                console.log('No data.');
            } else {
                console.log(location);
            }
        }
        rl.prompt();
    });
});
```

运行后的结果如下：

```
$ node ip_search.js
IP> 127.0.0.1
No data.
IP> 122.202.23.34
北京
IP> 202.127.3.3
上海
```

上面代码的实际查询范围是一个半开半闭区间。如果想实现闭区间查找，读者可以在比对 "*" 时同时比较元素的分数和查询的 IP 地址是否相同。

## 第 6 章

脚本

小白花了 5 天时间看完了宋老师发在学校网站上的 4 种编程语言的 Redis 客户端教程，感觉收获颇丰，但还有一件事一直挂在心上：宋老师提到过很多次 Redis 的脚本功能，但到现在还没具体讲解过。一天中午，他来到了宋老师的办公室，想向其请教脚本的知识，看到宋老师正在睡觉，便想先出去转转等会儿再来问。正回身要走突然瞥到了宋老师的电脑屏幕，上面打开着一篇文档，而文档的标题正是"Redis 脚本功能介绍"。

过了几天小白就收到了发自宋老师的邮件——"Redis 脚本功能介绍"。

6.1 概览

4.2.2 节实现了访问频率限制功能，可以限制一个 IP 地址在 1 分钟内最多只能访问 100 次：

```
$isKeyExists = EXISTS rate.limiting:$IP
if $isKeyExists is 1
    $times = INCR rate.limiting:$IP
    if $times > 100
        print 访问频率超过了限制，请稍后再试。
        exit
else
    MULTIr
    INCR rate.limiting:$IP
    EXPIRE $keyName, 60
    EXEC
```

当时提到上面的代码会出现竞态条件，解决方法是用 WATCH 命令监控 rate.limiting: $IP 键的变动，但是这样做比较麻烦，而且还需要判断事务是否因为键被改动而没有执行。除此之外这段代码在不使用管道的情况下最多要向 Redis 请求 5 条命令，在网络传输上会浪费很多时间。

此时，我们最希望的就是 Redis 直接提供"RATELIMITING"命令用来实现访问频率限制功能，该命令只需要我们提供键名、时间限制和在时间限制内最多访问的次数这三个参数就可以直接返回访问频率是否超限。就像这样。

```
if RATELIMITING rate.limiting:$IP, 60, 100
    print 访问频率超过了限制，请稍后再试。
else
    # 没有超限，显示博客内容
```

这种方式不仅代码简单、没有竞态条件（Redis 的命令都是原子的），而且减少了通过网络发送和接收命令的传输开销。然而，可惜 Redis 并没有提供这条命令，不过我们可以使用 Redis 脚本功能自己定义新的命令。

6.1.1 脚本

Redis 在 2.6 版推出了脚本功能，允许开发者使用 Lua 语言编写脚本传到 Redis 中执行。在 Lua 脚本中可以调用大部分 Redis 命令，也就是说可以将 6.1 节中的第一段代码改写成 Lua 脚本后发送给 Redis 运行。使用脚本的好处如下。

（1）减少网络开销：6.1 节中的第一段代码最多需要向 Redis 发送 5 次请求，而使用脚本功能完成同样的操作只需要发送一次请求，减少了网络往返时延。

（2）原子操作：Redis 会将整个脚本作为一个整体执行，中间不会被其他命令插入。换句话说，在编写脚本的过程中无须担心会出现竞态条件，也就无须使用事务。事务可以完成的所有功能都可以用脚本来实现。

（3）复用：客户端发送的脚本会永久存储在 Redis 中，这就意味着其他客户端（可以是其他编程语言开发的项目）可以复用这一脚本而不需要使用代码完成同样的逻辑。

6.1.2 实例：访问频率限制

因为无须考虑事务，使用 Redis 脚本实现访问频率限制非常简单。Lua 代码如下：

```
local times = redis.call('incr', KEYS[1])

if times == 1 then
  -- KEYS[1]键刚创建，所以为其设置生存时间
  redis.call('expire', KEYS[1], ARGV[1])
end

if times > tonumber(ARGV[2]) then
```

```
    return 0
end

return 1
```

这段代码实现的功能与我们之前所做的类似，不过简洁了很多，即使不了解 Lua 语言也能猜出大概的意思。如果有的地方看不懂也没关系，6.2 节会专门介绍 Lua 的语法和调用 Redis 命令的方法。

那么，如何测试这个脚本呢？首先把这段代码存为 ratelimiting.lua 文件，然后在命名行中输入：

```
$ redis-cli --eval /path/to/ratelimiting.lua rate.limiting:127.0.0.1 , 10 3
```

其中，--eval 参数是告诉 redis-cli 读取并运行后面的 Lua 脚本，/path/to/ratelimiting. lua 是 ratelimiting.lua 文件的位置，后面跟着的是传给 Lua 脚本的参数。其中，前的 rate. limiting:127.0.0.1 是要操作的键，可以在脚本中使用 KEYS[1] 获取；，后面的 10 和 3 是参数，在脚本中能够分别使用 ARGV[1] 和 ARGV[2] 获得。结合脚本的内容可知这行命令的作用就是将访问频率限制为每 10 秒最多 3 次，所以在终端中不断地执行此命令会发现，当访问频率在 10 秒内小于或等于 3 次时返回 1，否则返回 0。

> **注意**　上面的命令中，，两边的空格不能省略，否则会出错。

对于 KEYS 和 ARGV 这两个变量会在 6.3 节中详细介绍，6.2 节会专门介绍 Lua 的语法。

6.2 Lua 语言

Lua 是一种高效的轻量级脚本语言。Lua 在葡萄牙语中是"月亮"的意思，它的徽标形似卫星（见图 6-1），寓意着 Lua 是一种"卫星语言"，能够方便地嵌入其他编程语言中使用。

为什么要在其他编程语言中嵌入 Lua 脚本呢？举一个例子，假设你要开发一个运行在 iPhone 上的电子宠物游戏，你可能希望设定玩家每次给宠物喂食，宠物的饥饿值就会减 N 点。如果 N 是一个定值，那么就可以将 N 硬编码到代码中。一切都很好，直到某天你发现有大量的玩家抱怨自己的宠物简直太能吃了，每天需要喂几十次才能喂饱。此时你不得不发布一个新版本来提高 N 的值，并让玩家到 App Store 中升级整个游戏（这期间还有漫长的应用审核过程）。不过这次你有经验了：你将 N 的值存到了网上，每次游戏启动后都联网查询最新的 N 值。这样如果下次发现 N 值不合适，只需要在网上修改一次，所有的玩家就能自动更新了。又平安

图 6-1　Lua 的徽标

无事地过了几天，你发现即使可以随时调整 N 的值，也无法让玩家满意，诸如"为什么我的宠物一分钟内可以吃完一周的饭？"这样的抱怨越来越多。你知道这次必须修改代码来限制短时间内不能连续喂食多次了，同样你又要经历从发布到审核的等待，而所有的玩家又要到 App Store 中为了这一段代码重新更新整个游戏。好在你终于意识到应该使用一个更好的方法——嵌入 Lua 脚本来实现这一更改了。现在你将喂食的逻辑写在 Lua 脚本中，例如：

```
function feed(timeSinceLastFeed)
    local hungerValue = 0
    if timeSinceLastFeed > 3600
        hungerValue = ((timeSinceLastFeed - 3600) / timeSinceLastFeed) * 200
    return hungerValue
end
```

然后在你的程序中嵌入一个 Lua 解释器，每次需要喂食时就通过解释器调用这个 Lua 脚本，并将上次喂食距现在的时间传给 feed() 函数，feed() 函数根据这个时间计算此次喂食需要减少的饥饿值：时间越短减少的饥饿值就越小。下次需要调整这个算法时只要从网上更新这个脚本就可以了，连游戏都不用重启。另外，你还可以把宠物的状态（如心情之类的）传入这个函数，即使现在用不到，以后说不定也会用到。总之将越多的逻辑放在脚本中，你的程序升级或扩展就越容易。

实际上很多 iOS 游戏中都使用了 Lua 语言，例如 2011 年很火的游戏《愤怒的小鸟》就使用 Lua 语言实现关卡，而就在那一年，Lua 在 TIOBE 世界编程语言排行榜上进入了前 10 名。另外，风靡全球的网络游戏《魔兽世界》的插件也是使用 Lua 语言开发的。

其实，Redis 和电子宠物游戏遇到的问题有点相似，很多人都希望在 Redis 中加入各种各样的命令，这些命令中有的确实很实用，但可以使用多个 Redis 已有的命令实现。在 Redis 中包含开发者需要的所有命令显然是不现实的，所以 Redis 在 2.6 版中提供了 Lua 脚本功能来让开发者自己扩展 Redis。

6.2.1　Lua 语法

Redis 使用 Lua 5.1 版本，所以本书介绍的 Lua 语法基于此版本。本节不会完整地介绍 Lua 语言中的所有要素，而是只着重介绍编写 Redis 脚本会用到的部分，推荐对 Lua 语言感兴趣的读者阅读 Lua 作者 Roberto Ierusalimschy 写的 *Programming in Lua*。

1. 数据类型

Lua 是一种动态类型语言，一个变量可以存储任何类型的值。编写 Redis 脚本时会用到的数据类型如表 6-1 所示。

表 6-1　Lua 常用数据类型

类 型 名	取 值
空（nil）	空类型只包含一个值，即 nil。nil 表示空，所有没有赋值的变量或表的字段都是 nil
布尔（boolean）	布尔类型包含 true 和 false 两个值
数字（number）	整数和浮点数都使用数字类型存储，如 1、0.2、3.5e20 等
字符串（string）	字符串类型可以存储字符串，且与 Redis 的键值一样都是二进制安全的。字符串可以使用单引号或双引号表示，两个符号是相同的。例如'a'，"b"都是可以的。字符串中可以包含转义字符，如\n、\r 等
表（table）	表类型是 Lua 语言中唯一的数据结构，既可以当数组又可以当字典，十分灵活
函数（function）	函数在 Lua 中是一等值（first-class value），可以存储在变量中，也可以作为函数的参数或返回结果

2.　变量

Lua 的变量分为全局变量和局部变量。全局变量无须声明就可以直接使用，默认值是 nil。如：

```
a = 1        -- 为全局变量 a 赋值
print(b)     -- 无须声明即可使用，默认值是 nil
a = nil      -- 删除全局变量 a 的方法是将其赋值为 nil。全局变量没有声明和未声明之分，只有非 nil
             -- 和 nil 的区别
```

在 Redis 脚本中不能使用全局变量，只允许使用局部变量以防止脚本之间相互影响。声明局部变量的方法为 local 变量名，就像这样：

```
local c        -- 声明一个局部变量 c，默认值是 nil
local d = 1    -- 声明一个局部变量 d 并赋值为 1
local e, f     -- 可以同时声明多个局部变量
```

同样，声明一个存储函数的局部变量的方法为：

```
local say_hi = function ()
    print 'hi'
end
```

变量名必须以非数字开头，只能包含字母、数字和下画线，区分大小写。变量名不能与 Lua 的保留关键字相同，保留关键字如下：

```
and      break     do      else      elseif
end      false     for     function  if
in       local     nil     not       or
repeat   return    then    true      until    while
```

局部变量的作用域为从声明开始到所在层的语句块末尾，例如：

```
local x = 10
if true then
   local x = x + 1
   print(x)
   do
       local x = x + 1
       print(x)
   end
   print(x)
end
print(x)
```

打印结果为：

```
11
12
11
10
```

3. 注释

Lua 的注释有单行和多行两种。

单行注释以--开始，到行尾结束，在上面的代码已经使用过了，一般习惯在--后面跟上一个空格。

多行注释以--[[开始，到]]表示，例如：

```
--[[
这是一个多行注释
]]
```

4. 赋值

Lua 支持多重赋值，例如：

```
local a, b = 1, 2     -- a 的值是 1，b 的值是 2
local c, d = 1, 2, 3  -- c 的值是 1，d 的值是 2，3 被舍弃了
local e, f = 1        -- e 的值是 1，f 的值是 nil
```

在执行多重赋值时，Lua 会先计算所有表达式的值，例如：

```
local a = {1, 2, 3}
local i = 1
i, a[i] = i + 1, 5
```

Lua 计算所有表达式的值后，上面最后一个赋值语句变为 i, a[1] = 2, 5，所以赋值后 i 的值为 2，a 则为{5, 2, 3}[①]。

Lua 中函数也可以返回多个值，后面会讲到。

---

① Lua 的表类型索引是从 1 开始的，后文会介绍。

5. 操作符

Lua 有以下 5 类操作符。

（1）数学操作符。数学操作符包括常见的+、−、*、/、%（取模）、−（一元操作符，取负）和幂运算符号^。

数学操作符的操作数如果是字符串会自动转换成数字，例如：

```
print('1' + 1)        -- 2
print('10' * 2)       -- 20
```

（2）比较操作符。Lua 的比较操作符如表 6-2 所示。

表 6-2　Lua 的比较操作符

操　作　符	说　　明
==	比较两个操作数的类型和值是否都相等
~=	与==的结果相反
<, >, <=, >=	小于、大于、小于等于、大于等于

比较操作符的结果一定是布尔类型。比较操作符不同于数学操作符，不会对两边的操作数进行自动类型转换，也就是说：

```
print(1 == '1')            -- false，二者类型不同，不会进行自动类型转换
print({'a'} == {'a'})      -- false，对于表类型值比较的是二者的引用
```

如果需要比较字符串和数字，可以手动进行类型转换。例如下面两个结果都是 true：

```
print(1 == tonumber('1'))
print('1' == tostring(1))
```

其中，tonumber()函数还可以进行进制转换，例如：

```
print(tonumber('F', 16))   -- 将字符串'F'从十六进制转成十进制结果是 15
```

（3）逻辑操作符。Lua 的逻辑操作符如表 6-3 所示。

表 6-3　Lua 的逻辑操作符

操　作　符	说　　明
not	根据操作数的真和假相应地返回 false 和 true
and	a and b 中如果 a 为真则返回 b，否则返回 a
or	a or b 中如果 a 为假则返回 a，否则返回 b

只要操作数不是 nil 或 false，逻辑操作符就认为操作数为真，否则为假。特别需要注意的是，即使是 0 或空字符串也被当作真（Ruby 开发者肯定会比较适应这一点）。下面是几个逻辑操作符的例子：

```
print(1 and 5)          -- 5
print(1 or 5)           -- 1
print(not 0)            -- false
print('' or 1)          -- ''
```

Lua 的逻辑操作符支持短路，也就是说对于 false and foo()，Lua 不会调用 foo() 函数，因为第一个操作数已经决定了无论 foo() 函数返回的结果是什么，该表达式的值都是 false。or 操作符与之类似。

（4）连接操作符。连接操作符只有一个：..，用来连接两个字符串，例如：

```
print('hello' .. ' ' .. 'world!')     -- 'hello world!'
```

连接操作符会自动把数字类型的值转换成字符串类型：

```
print('The price is ' .. 25)          -- 'The price is 25'
```

（5）取长度操作符。取长度操作符是 Lua 5.1 中新增加的操作符，同样只有一个，即 #，用来获取字符串或表的长度：

```
print(#'hello')         -- 5
```

各个运算符的优先级顺序如表 6-4 所示。

表 6-4   运算符的优先级（优先级依次降低）

```
^
not # -（一元）
* / %
+ -
..
< > <= >= ~= ==
and
or
```

6. if 语句

Lua 的 if 语句格式如下：

```
if 条件表达式 then
  语句块
elseif 条件表达式 then
  语句块
else
  语句块
end
```

> **注意**　前面提到过在 Lua 中只有 `nil` 和 `false` 才为假，其余值，包括空字符串和 0，都被认为是真值。这是一个容易出问题的地方，例如 Redis 的 EXISTS 命令的返回值 1 和 0 分别表示存在或不存在，但在下面的代码中，无论 EXISTS 命令的结果是 1 还是 0，exists 变量的值都是 `true`：
>
> ```lua
> if redis.call('exists', 'key') then
>   exists = true
> else
>   exists = false
> end
> ```
>
> 所以需要将 redis.call('exists', 'key') 改写成 redis.call('exists', 'key') == 1 才正确。

Lua 与 JavaScript 一样，每个语句都可以以；结尾，但一般来说，编写 Lua 时都会省略；（Lua 的作者也是这样做的）。Lua 也并不强制要求缩进，所有语句可以写在一行中，例如：

```lua
a = 1
b = 2
if a then
  b = 3
else
  b = 4
end
```

可以写成

```lua
a = 1 b = 2 if a then b = 3 else b = 4 end
```

甚至，如下代码也是正确的：

```lua
a =
1 b = 2 if a
then b = 3 else b
= 4 end
```

但为了增强可读性，在编写的时候一定要注意缩进。

7. 循环语句

Lua 支持 `while`、`repeat` 和 `for` 循环语句。

`while` 语句的形式为：

```lua
while 条件表达式 do
    语句块
end
```

`repeat` 语句的形式为：

```
repeat
    语句块
until 条件表达式
```

`for` 语句有两种形式,一种是数字形式:

```
for 变量 = 初值, 终值, 步长 do
    语句块
end
```

其中,步长可以省略,默认步长为 1。例如,使用 `for` 循环计算 1～100 的和:

```
local sum = 0
for i = 1, 100 do
    sum = sum + i
end
```

> **提示** `for` 语句中的循环变量(即本例中的 `i`)是局部变量,作用域为 `for` 循环体内。虽然没有使用 `local` 声明,但 `i` 不是全局变量。

另一种是 `for` 语句的通用形式:

```
for 变量 1, 变量 2, ..., 变量 N in 迭代器 do
    语句块
end
```

在编写 Redis 脚本时,我们常用通用形式的 `for` 语句遍历表的值,下面还会再介绍。

8. 表类型

表是 Lua 中唯一的数据结构,可以理解为关联数组,任何类型的值(除了空类型)都可以作为表的索引。

表的定义方式为:

```
a = {}                  -- 将变量 a 赋值为一个空表
a['field'] = 'value'    -- 将 field 字段赋值 value
print(a.field)          -- 打印内容为'value', a.field 是 a['field']的语法糖

people = {              -- 也可以这样定义
  name = 'Bob',
  age = 29
}
print(people.name)      -- 打印的内容为'Bob'
```

当索引为整数的时候,表和传统的数组一样,例如:

```
a = {}
a[1] = 'Bob'
a[2] = 'Jeff'
```

可以写成下面这样：

```
a = {'Bob', 'Jeff'}
print(a[1])              -- 打印的内容为'Bob'
```

> **注意**　Lua 约定数组[①]的索引是从 1 开始的，而不是 0。

可以使用通用形式的 `for` 语句遍历数组，例如：

```
for index, value in ipairs(a) do
    print(index)         -- index 迭代数组 a 的索引
    print(value)         -- value 迭代数组 a 的值
end
```

打印的结果是：

```
1
Bob
2
Jeff
```

`Ipairs()` 是 Lua 内置的函数，能够实现类似于迭代器的功能。当然还可以使用数字形式的 `for` 语句遍历数组，例如：

```
for i = 1, #a do
    print(i)
    print(a[i])
end
```

输出的结果和上例相同。`#a` 的作用是获取表 a 的长度。

Lua 还提供了一个迭代器 `pairs()`，用来遍历非数组的表值，例如：

```
people = {
  name = 'Bob',
  age = 29
}

for index, value in pairs(people) do
    print(index)
    print(value)
end
```

打印结果为：

```
name
Bob
age
29
```

`pairs()` 与 `ipairs()` 的区别在于，前者会遍历所有值不为 `nil` 的索引，而后者只

---

① 此处的数组指的是数组形式的表类型，索引为从 1 开始的递增整数。

会从索引 1 开始递增遍历到最后一个值不为 nil 的整数索引。

9. 函数

函数的定义为：

```
function (参数列表)
    函数体
end
```

可以将其赋值给一个局部变量，例如：

```
local square = function (num)
    return num * num
end
```

即使没有参数，括号也不能省略。Lua 还提供了一个语法糖来简化函数的定义，例如：

```
local function square (num)
    return num * num
end
```

这段代码会被转换为：

```
local square
square = function (num)
    return num * num
end
```

因为在赋值前声明了局部变量 square，所以可以在函数内部引用自身（实现递归）。

如果实参的个数小于形参的个数，则没有匹配到的形参的值为 nil。相应地，如果实参的个数大于形参的个数，则多出的实参会被忽略。如果希望捕获多出的实参（即实现可变参数个数），可以让最后一个形参为 ...。例如，希望传入若干参数计算这些数的平方：

```
local function square (...)
    local argv = {...}
    for i = 1, #argv do
        argv[i] = argv[i] * argv[i]
    end
    return unpack(argv)
end

a, b, c = square(1, 2, 3)
print(a)
print(b)
print(c)
```

输出结果为：

```
1
4
9
```

在第二个 square()函数中，我们首先将...转换为表 argv，然后对表的每个元素计算其平方值。unpack()函数用来返回表中的元素，在上例中，argv 表中有 3 个元素，所以 return unpack(argv)相当于 return argv[1]，argv[2]，argv[3]。

在 Lua 中，return 和 break（用于跳出循环）语句必须是语句块中的最后一条语句，简单地说在这两条语句后面只能是 end、else 或 until 三者之一。如果希望在语句块的中间使用这两条语句的话，可以人为地使用 do 和 end 将其包围。

6.2.2　标准库

Lua 的标准库中提供了很多实用的函数，例如前面介绍的迭代器 ipairs()和 pairs()，类型转换函数 tonumber()和 tostring()，还有 unpack()函数都属于标准库中的"Base"库。

Redis 支持大部分 Lua 标准库，如表 6-5 所示。

表 6-5　Redis 支持的 Lua 标准库

库　　名	说　　明
Base	提供了一些基础函数
String	提供了用于字符串操作的函数
Table	提供了用于表操作的函数
Math	提供了数学计算函数
Debug	提供了用于调试的函数

下面简单介绍几个常用的标准库函数，要了解全部函数，请查看 Lua 手册。

1．String 库

String 库的函数可以通过字符串类型的变量以面向对象的形式访问，例如 string.len(string_var)可以写成 string_var:len()。

（1）获取字符串长度。

```
string.len(string)
```

string.len()函数的作用和操作符#类似，例如：

```
> print(string.len('hello'))
5
> print(#'hello')
5
```

（2）转换大小写。

```
string.lower(string)
string.upper(string)
```

例如：

```
> print(string.lower('HELLO'))
hello
> print(string.upper('hello'))
HELLO
```

（3）获取子字符串。

string.sub(*string*, *start* [, *end*])

string.sub()函数可以获取一个字符串从索引 *start* 开始到 *end* 结束的子字符串，索引从 1 开始。索引可以是负数，-1 代表最后一个元素。*end* 参数如果省略则默认是-1（即截取到字符串末尾）。例如：

```
> print(string.sub('hello', 1))
hello
> print(string.sub('hello', 2))
ello
> print(string.sub('hello', 2, -2))
ell
> print(string.sub('hello', -2))
lo
```

2. Table 库

Table 库中的大部分函数都需要的表的形式是数组形式。

（1）将数组转换为字符串。

table.concat(*table* [, *sep* [, *i* [, *j*]]])

table.concat()函数与 JavaScript 中的 join()函数类似，可以将一个数组转换成字符串，中间以 sep 参数指定的字符串分割，默认为空。*i* 和 *j* 用来限制要转换的表元素的索引范围，默认分别是 1 和表的长度，不支持负数索引。例如：

```
> print(table.concat({1, 2, 3}))
123
> print(table.concat({1, 2, 3}, ',', 2))
2,3
> print(table.concat({1, 2, 3}, ',', 2, 2))
2
```

（2）向数组中插入元素。

table.insert(*table*, [*pos*,] *value*)

向指定索引位置 *pos* 插入元素 *value*，并将后面的元素按顺序后移。默认 *pos* 的值是数组长度加 1，即在数组末尾插入。例如：

```
> a = {1, 2, 4}
> table.insert(a, 3, 3)
```

```
> table.insert(a, 5)
> print(table.concat(a, ', '))
1, 2, 3, 4, 5
```

（3）从数组中弹出一个元素。

```
table.remove(table [, pos])
```

从指定的索引删除一个元素，并将后面的元素前移，返回删除的元素值。默认 *pos* 的值是数组的长度，即从数组末尾弹出一个元素。例如：

```
> table.remove(a)
> table.remove(a, 1)
> print(table.concat(a, ', '))
2, 3, 4
```

3.　Math 库

Math 库提供了常用的数学运算函数，如果参数是字符串，会自动尝试转换成数字。具体的函数列表见表 6-6。

表 6-6　Math 库的常用函数

函　数　定　义	说　　　明
math.abs(x)	获得数字的绝对值
math.sin(x)	求三角函数 sin 值
math.cos(x)	求三角函数 cos 值
math.tan(x)	求三角函数 tan 值
math.ceil(x)	进一取整，例如 1.2 取整后是 2
math.floor(x)	向下取整，例如 1.8 取整后是 1
math.max(x, …)	获得参数中的最大值
math.min(x, …)	获得参数中的最小值
math.pow(x, y)	获得 xy 的值
math.sqrt(x)	获得 x 的平方根

除此之外，Math 库还提供了随机数函数：

```
math.random([m, [, n]])
math.randomseed(x)
```

math.random()函数用来生成一个随机数，根据参数不同其返回值范围也不同：

没有提供参数：返回[0, 1)的实数；

只提供了 *m* 参数：返回[1, *m*]的整数；

同时提供了 *m* 和 *n* 参数：返回[*m*, *n*]的整数。

math.random()函数生成的随机数是依据种子（seed）计算得来的伪随机数，意味着使用同一种子生成的随机数序列是相同的。可以使用 math.randomseed()函数设置种子的值，例如：

```
> math.randomseed(1)
> print(math.random(1, 100))
1
> print(math.random(1, 100))
14
> print(math.random(1, 100))
76
> math.randomseed(1)
> print(math.random(1, 100))
1
> print(math.random(1, 100))
14
> print(math.random(1, 100))
76
```

6.2.3 cjson 库和 cmsgpack 库

除了标准库，Redis 还通过 cjson 库和 cmsgpack 库[1]提供了对 JSON 和 MessagePack 的支持。Redis 自动加载了这两个库，在脚本中可以分别通过 cjson 和 cmsgpack 这两个全局变量来访问对应的库。两者的用法如下：

```
local people = {
    name = 'Bob',
    age = 29
}

-- 使用 cjson 序列化成字符串：
local json_people_str = cjson.encode(people)
-- 使用 cmsgpack 序列化成字符串：
local msgpack_people_str = cmsgpack.pack(people)

-- 使用 cjson 将序列化后的字符串还原成表：
local json_people_obj = cjson.decode(people)
print(json_people_obj.name)
-- 使用 cmsgpack 将序列化后的字符串还原成表：
local msgpack_people_obj = cmsgpack.unpack(people)
print(msgpack_people_obj.name)
```

---

① cmsgpack 库的作者正是 Redis 的作者 Salvatore Sanfilippo。

6.3　Redis 与 Lua

编写 Redis 脚本的目的就是读写 Redis 的数据，本节将会介绍 Redis 与 Lua 交互的方法。

6.3.1　在脚本中调用 Redis 命令

在脚本中可以使用 `redis.call()` 函数调用 Redis 命令。就像这样：

```
redis.call('set', 'foo', 'bar')
local value = redis.call('get', 'foo')    -- value 的值为 bar
```

`redis.call()` 函数的返回值就是 Redis 命令的执行结果。第 2 章介绍过 Redis 命令的返回值有 5 种类型，`redis.call()` 函数会将这 5 种类型的回复转换成对应的 Lua 的数据类型，具体的对应规则如表 6-7 所示（空结果比较特殊，其对应 Lua 的 `false`）。

表 6-7　Redis 返回值类型和 Lua 数据类型转换规则

Redis 返回值类型	Lua 数据类型
整数回复	数字类型
字符串回复	字符串类型
多行字符串回复	表类型（数组形式）
状态回复	表类型（只有一个 `ok` 字段存储状态信息）
错误回复	表类型（只有一个 `err` 字段存储错误信息）

Redis 还提供了 `redis.pcall()` 函数，其功能与 `redis.call()` 函数相同，唯一的区别是当命令执行出错时 `redis.pcall()` 函数会记录错误并继续运行，而 `redis.call()` 函数会直接返回错误，不会继续运行。

6.3.2　从脚本中返回值

在很多情况下都需要脚本可以返回值，例如前面的访问频率限制脚本会返回访问频率是否超限。在脚本中可以使用 `return` 语句将值返回给客户端，如果没有运行 `return` 语句则默认返回 `nil`。因为我们可以像调用其他 Redis 内置命令一样调用我们自己编写的脚本，所以 Redis 同样会自动将脚本返回值的 Lua 数据类型转换成 Redis 的返回值类型。具体的转换规则见表 6-8（其中 Lua 的 `false` 比较特殊，会被转换成空结果）。

表 6-8 Lua 数据类型和 Redis 返回值类型转换规则

Lua 数据类型	Redis 返回值类型
数字类型	整数回复（Lua 的数字类型会被自动转换成整数）
字符串类型	字符串回复
表类型（数组形式）	多行字符串回复
表类型（只有一个 ok 字段存储状态信息）	状态回复
表类型（只有一个 err 字段存储错误信息）	错误回复

6.3.3 脚本相关命令

1. EVAL

编写完脚本后，最重要的就是在程序中执行脚本。Redis 提供了 EVAL 命令，可以使开发者像调用其他 Redis 内置命令一样调用脚本。EVAL 命令的格式是：EVAL 脚本内容 *key* 参数的数量 [*key* ...] [*arg* ...]。可以通过 *key* 和 *arg* 这两类参数向脚本传递数据，它们的值可以在脚本中分别使用 KEYS 和 ARGV 两个表类型的全局变量访问。例如希望用脚本功能实现 SET 命令（当然现实中我们不会这么做），脚本内容是这样的：

```
return redis.call('SET', KEYS[1], ARGV[1])
```

现在打开 redis-cli 执行此脚本：

```
redis> EVAL "return redis.call('SET', KEYS[1], ARGV[1])" 1 foo bar
OK
redis> GET foo
"bar"
```

其中要读写的键名应该作为 *key* 参数，其他的数据都作为 *arg* 参数，具体的原因会在 6.4 节中介绍。

> **注意** EVAL 命令依据第二个参数将后面的所有参数分别存入脚本中 KEYS 和 ARGV 两个表类型的全局变量。当脚本不需要任何参数时也不能省略这个参数（设为 0）。

2. EVALSHA

考虑到在脚本比较长的情况下，如果每次调用脚本都需要将整个脚本传给 Redis，会占用较多的带宽。为了解决这个问题，Redis 提供了 EVALSHA 命令，允许开发者通过脚本内容的 SHA1 摘要来执行脚本，该命令的用法和 EVAL 命令一样，只不过是将脚本内容替换成脚本内容的 SHA1 摘要。

Redis 在执行 EVAL 命令时会计算脚本的 SHA1 摘要并记录在脚本缓存中，执行 EVALSHA 命令时，Redis 会根据提供的 SHA1 摘要从脚本缓存中查找对应的脚本内容，如果找到了则执行脚本，否则会返回错误："NOSCRIPT No matching script. Please use EVAL."

在程序中使用 EVALSHA 命令的一般流程如下。

（1）计算脚本的 SHA1 摘要，并使用 EVALSHA 命令执行脚本。

（2）获得返回值，如果返回 "NOSCRIPT" 错误则使用 EVAL 命令重新执行脚本。

虽然这一流程略显麻烦，但值得庆幸的是很多编程语言的 Redis 客户端都会代替开发者完成这一流程。例如使用 node_redis 客户端执行 EVAL 命令时，node_redis 会先尝试执行 EVALSHA 命令，如果失败了才会执行 EVAL 命令。

6.3.4　应用实例

本节会结合几种编程语言的 Redis 客户端，通过实例介绍在应用中如何使用脚本功能。

1. 同时获取多个哈希类型键的键值

假设有若干用户的 ID，现在需要获得这些用户的资料。用户的资料使用哈希类型键存储，所以我们可以编写一个可以一次性对多个键执行 HGETALL 命令的脚本。

Predis 将脚本功能抽象成 Redis 的命令，我们可以通过脚本定义自己的命令并像调用其他命令一样调用我们自己编写的脚本。首先我们定义 HMGETALL（M 表示多个的意思）类：

```php
<?php
class HMGetAll extends Predis\Command\ScriptedCommand
{
    // 定义前多少个参数会被作为 KEYS 变量
    // false 表示所有的参数
    public function getKeysCount()
    {
        return false;
    }

    // 返回脚本内容
    public function getScript()
    {
        return
<<<LUA
local result = {}
for i, v in ipairs(KEYS) do
    result[i] = redis.call('HGETALL', v)
end
return result
LUA;
    }
```

```
}

$client = new Predis\Client();

// 定义 hmgetall 命令
$client->getProfile()->defineCommand('hmgetall', 'HMGetAll');

// 执行 hmgetall 命令
$value = $client->hmgetall('user:1', 'user:2', 'user:3');
```

2. 获得并删除有序集合中分数最小的元素

列表类型提供了 LPOP 和 RPOP 两条命令实现弹出操作，然而有序集合类型却没有相应的命令。不使用脚本功能的话必须借助事务来实现，比较烦琐，在 Redis 的官方文档中有这样的例子：

```
WATCH zset
$element = ZRANGE zset 0 0
MULTI
ZREM zset $element
EXEC
```

虽然代码不算长，但还要考虑事务执行失败（即执行 WATCH 命令后其他客户端修改了 zset 键）时必须重新执行。

redis-py 客户端同样对 EVAL 和 EVALSHA 两条命令进行了抽象。首先使用 register_script() 函数建立一个脚本对象，然后就可以使用该对象发送脚本命令了。代码如下：

```
r = redis.StrictRedis()
lua = """
    local element = redis.call('ZRANGE', KEYS[1], 0, 0)[1]
    if element then
        redis.call('ZREM', KEYS[1], element)
    end
    return element
"""

ztop = r.register_script(lua)

# 执行我们自己定义的 ZTOP 命令并打印出结果
print ztop(keys=['zset'])
```

3. 处理 JSON

3.2 节介绍字符串类型时曾提到可以将对象 JSON 序列化后存入字符串类型键中。如果需要对这些对象进行计算，可以使用脚本在服务端完成计算后再返回，这样既节省了网络带宽，又保证了操作的原子性。

下面介绍如何使用脚本功能实现统计多个学生的课程分数总和。首先，我们定义一个学生类，包括姓名和该学生的所有课程分数：

```
// 学生类的构造函数，参数是学生姓名
function Student(name) {
    this.name = name;
    this.courses = {};
}

// 添加一门课程，参数为课程名和分数
Student.prototype.addCourse = function(name, score) {
    this.courses[name] = score;
}
```

然后，我们创建两个学生实例并为其添加课程：

```
// 创建学生 Bob，为其添加两门课程的成绩
var bob = new Student('Bob');
bob.addCourse('Mathematics', 80);
bob.addCourse('Literature', 95);

// 创建学生 Jeff，为其添加两门课程的成绩
var jeff = new Student('Jeff');
jeff.addCourse('Mathematics', 85);
jeff.addCourse('Chemistry', 70);
```

连接 Redis，将两个实例 JSON 序列化后存入 Redis 中：

```
var redis = require("redis");
var client = redis.createClient();

// 将两个对象 JSON 序列化后存入数据库中
client.mset(
    'user:1', JSON.stringify(bob),
    'user:2', JSON.stringify(jeff)
);
```

现在开始进行最有趣的环节，即编写 Lua 脚本计算所有学生的所有课程的分数总和：

```
var lua =     " \
    local sum = 0 \
    local users = redis.call('mget', unpack(KEYS)) \
    for _, user in ipairs(users) do \
        local courses = cjson.decode(user).courses \
        for _, score in pairs(courses) do \
            sum = sum + score \
        end \
    end \
    return sum \
";
```

接着调用 node_redis 的 eval() 函数执行脚本，此函数会先计算脚本的 SHA1 摘要并尝试使用 EVALSHA 命令调用，如果失败就使用 EVAL 命令，这一过程对我们是透明的：

```
client.eval(lua, 2, 'user:1', 'user:2', function (err, sum) {
    // 结果是 330
    console.log(sum);
});
```

> **提示** 因为我们在脚本中使用了 `unpack()` 函数将 KEYS 表展开，所以执行脚本时我们可以传入任意数量的键参数，这是一个很有用的小技巧。

6.4　深入脚本

本节将深入探讨 KEYS 和 ARGV 两类参数的区别，以及脚本的沙盒限制和原子性等内容。

6.4.1　KEYS 与 ARGV

前面提到过向脚本传递的参数分为 KEYS 和 ARGV 两类，前者表示要操作的键名，后者表示非键名参数。但事实上这一要求并不是强制的，例如 EVAL `"return redis.call('get', KEYS[1])"` 1 user:Bob 可以获得 user:Bob 的键值，同样还可以使用 EVAL `"return redis.call('get', 'user:' .. ARGV[1])"` 0 Bob 完成同样的功能，此时我们虽然并未按照 Redis 的规则使用 KEYS 参数传递键名，但还是获得了正确的结果。

虽然规则不是强制性的，但不遵守规则依然要付出一定的代价。Redis 将要发布的 3.0 版本会带有集群（cluster）功能，集群的作用是将数据库中的键分散到不同的节点上。这意味着在脚本执行前就需要知道脚本会操作哪些键以便找到对应的节点，所以如果脚本中的键名没有使用 KEYS 参数传递则无法兼容集群。

有时候键名是根据脚本某部分的执行结果生成的，此时就无法在执行前将键名明确标出。例如一个集合类型键存储了用户 ID 列表，每个用户使用哈希键存储，其中有一个字段是年龄。下面的脚本可以计算某个集合中用户的平均年龄：

```
local sum = 0
local users = redis.call('SMEMBERS', KEYS[1])
for _, user_id in ipairs(users) do
    local user_age = redis.call('HGET', 'user:' .. user_id, 'age')
    sum = sum + user_age
end

return sum / #users
```

这个脚本同样无法兼容集群功能（因为第 4 行中访问了 KEYS 变量中没有的键），但十分实用，因为避免了数据往返客户端和服务端的开销。为了兼容集群，可以在客户端获取集合中的用户 ID 列表，然后将用户 ID 组装成键名列表传给脚本并计算平均年龄。两种方案都是可行的，至于实际采用哪种方案就需要开发者自行权衡了。

6.4.2 沙盒与随机数

Redis 脚本禁止使用 Lua 标准库中与文件或系统调用相关的函数，在脚本中只允许对 Redis 的数据进行处理。并且 Redis 还通过禁用脚本的全局变量的方式保证每个脚本都是相互隔离的，不会互相干扰。

使用沙盒不仅是为了保证服务器的安全性，而且还确保了脚本的执行结果只与脚本本身和执行时传递的参数有关，而不依赖外部条件（如系统时间、系统中某个文件的内容、其他脚本的执行结果等）。这是因为在执行复制和 AOF 持久化（复制和持久化会在第 7 章介绍）操作时记录的是脚本的内容而不是脚本调用的命令，所以必须保证在脚本内容和参数一致的前提下脚本的执行结果是一样的。

除了使用沙盒，为了确保执行的结果可以重现，Redis 还对随机数和会产生随机结果的命令进行了特殊的处理。

对随机数而言，Redis 替换了 `math.random()` 和 `math.randomseed()` 函数，使得每次执行脚本时生成的随机数序列都相同，如果希望获得不同的随机数序列，最简单的方法是由程序生成随机数并通过参数传递给脚本，或者采用更灵活的方法，即在程序中生成随机数传给脚本作为随机数种子（通过 `math.randomseed(tonumber(ARGV[种子参数索引]))`），这样在脚本中再调用 `math.random()` 函数产生的随机数就不同了（由随机数种子决定）。

对于会产生随机结果的命令如 SMEMBERS（因为集合类型是无序的）或 HKEYS（因为哈希类型的字段也是无序的）等，Redis 会对结果按照字典顺序排序。内部是通过调用 Lua 标准库的 `table.sort()` 函数实现的，代码与下面这段很相似：

```
function __redis__compare_helper(a,b)
  if a == false then a = '' end
  if b == false then b = '' end
  return a < b
end
table.sort(result_array, __redis__compare_helper)
```

对于会产生随机结果但无法排序的命令（如只会产生一个元素），Redis 会在这类命令执行后将该脚本状态标记为 `lua_random_dirty`，此后只允许调用只读命令，不允许修改数据库的值，否则会返回错误："Write commands not allowed after non deterministic commands."属于此类的 Redis 命令有 SPOP、SRANDMEMBER、RANDOMKEY 和 TIME。

6.4.3 其他脚本相关命令

除了 EVAL 和 EVALSHA，Redis 还提供了其他 4 条脚本相关命令，一般都会被客户端封装起来，开发者很少能使用到。

1. 将脚本加入缓存：SCRIPT LOAD

每次执行 EVAL 命令时，Redis 都会将脚本的 SHA1 摘要加入脚本缓存中，以便下次客户端可以使用 EVALSHA 命令调用该脚本。如果只希望将脚本加入脚本缓存而不执行，则可以使用 SCRIPT LOAD 命令，返回值是脚本的 SHA1 摘要。就像这样：

```
redis> SCRIPT LOAD "return 1"
"e0e1f9fabfc9d4800c877a703b823ac0578ff8db"
```

2. 判断脚本是否已经被缓存：SCRIPT EXISTS

SCRIPT EXISTS 命令可以同时查找 1 个或多个脚本的 SHA1 摘要是否被缓存，例如：

```
redis> SCRIPT EXISTS e0e1f9fabfc9d4800c877a703b823ac0578ff8db abcdefghijklmnopqrst
uvwxyzabcdefghijklmn
1) (integer) 1
2) (integer) 0
```

3. 清空脚本缓存：SCRIPT FLUSH

Redis 将脚本的 SHA1 摘要加入脚本缓存后会永久保留，不会删除，但可以使用 SCRIPT FLUSH 命令手动清空脚本缓存：

```
redis> SCRIPT FLUSH
OK
```

4. 强制终止当前脚本的执行：SCRIPT KILL

如果想终止当前脚本的执行，可以使用 SCRIPT KILL 命令，6.4.4 节还会提到这条命令。

6.4.4 原子性和执行时间

Redis 的脚本执行是原子的，即脚本执行期间 Redis 不会执行其他命令。所有的命令都必须等待脚本执行完成后才能执行。为了防止某个脚本执行时间过长导致 Redis 无法提供服务（如陷入死循环），Redis 提供了 lua-time-limit 参数来限制脚本的最长执行时间，默认为 5 秒。当脚本执行时间超过这一限制后，Redis 将开始接受其他命令但不会执行（以确保脚本的原子性，因为此时脚本并没有被终止），而是会返回 "BUSY" 错误。现在我们打开两个 redis-cli 实例 A 和 B 来演示这一情况。首先在实例 A 中执行一个死循环脚本：

```
redis A> EVAL "while true do end" 0
```

然后马上在实例 B 中执行一条命令：

```
redis B> GET foo
```

此时实例 B 中的命令并没有马上返回结果，因为 Redis 已经被实例 A 发送的死循环脚本阻塞了，无法执行其他命令。等到脚本执行 5 秒后实例 B 收到了 BUSY 错误：

```
(error) BUSY Redis is busy running a script. You can only call SCRIPT KILL or SHUTDOWN
NOSAVE.
(3.74s)
```

此时，Redis 虽然可以接收任何命令，但实际会执行的只有两条命令：SCRIPT KILL 和 SHUTDOWN NOSAVE。

在实例 B 中执行 SCRIPT KILL 命令可以终止当前脚本的执行：

```
redis B> SCRIPT KILL
OK
```

此时，脚本的执行被终止并且实例 A 中会返回错误：

```
(error) ERR Error running script (call to f_694a5fe1ddb97a4c6a1bf299d9537c7d3d0f84e7):
Script killed by user with SCRIPT KILL...
(28.77s)
```

需要注意的是，如果当前执行的脚本对 Redis 的数据进行了修改（如调用 SET、LPUSH 或 DEL 等命令），则 SCRIPT KILL 命令不会终止脚本的执行，以防止脚本只执行了一部分。因为如果脚本只执行了一部分就被终止，会违背脚本的原子性要求，即脚本中的所有命令要么都执行，要么都不执行。例如在实例 A 中执行：

```
redis A> EVAL "redis.call('SET', 'foo', 'bar') while true do end" 0
```

5 秒后在实例 B 中尝试终止该脚本的执行：

```
redis B> SCRIPT KILL
(error) UNKILLABLE Sorry the script already executed write commands against the dataset.
You can either wait the script termination or kill the server in an hard way using
the SHUTDOWN NOSAVE command.
```

此时，只能通过 SHUTDOWN NOSAVE 命令强行终止 Redis。第 2 章介绍过使用 SHUTDOWN 命令退出 Redis，而 SHUTDOWN NOSAVE 命令与 SHUTDOWN 命令的区别在于前者将不会进行持久化操作，这意味着所有发生在上一次快照（会在 7.1 节介绍）后的数据库修改都会丢失。

因为 Redis 脚本非常高效，所以在大部分情况下都不用担心脚本的性能。但同时由于脚本的强大功能，很多原本在程序中执行的逻辑都可以放到脚本中执行，此时就需要开发者根据具体应用权衡到底哪些任务适合交给脚本。通常来讲不应该在脚本中进行大量耗时的计算，因为毕竟 Redis 是单进程单线程执行脚本，而程序却能够多进程或多线程执行。

第 7 章

持久化

多亏了 Redis，小白的博客系统虽然运行在一台配置很低的服务器上，但是访问速度依旧很快。

Redis 的强劲性能很大程度上是由于其将所有数据都存储在了内存中，然而，当 Redis 重启后，所有存储在内存中的数据就会丢失。在某些情况下，我们会希望 Redis 在重启后能够保证数据不丢失，例如：

（1）将 Redis 作为数据库使用时，这也是小白现在的情况；

（2）将 Redis 作为缓存服务器，但缓存被穿透后会对性能造成较大影响，所有缓存同时失效会导致缓存雪崩，从而使服务无法响应。

此时我们希望 Redis 能将数据从内存中以某种形式同步到硬盘中，使得重启后可以根据硬盘中的记录恢复数据。这一过程就是持久化。

Redis 支持两种方式的持久化，一种是 RDB 方式，另一种是 AOF 方式。前者会根据指定的规则"定时"将内存中的数据存储在硬盘上，而后者在每次执行命令后将命令本身记录下来。对于这两种持久化方式，可以单独使用其中一种，但更多情况下是将二者结合使用。

7.1 RDB 方式

RDB 方式的持久化是通过快照（snapshotting）完成的，当符合一定条件时 Redis 会自动将内存中的所有数据生成一份副本并存储在硬盘上，这个过程即"快照"。Redis 会在以下几种情况下对数据进行快照：

- 根据配置规则进行自动快照；

- 用户执行 SAVE 或 BGSAVE 命令；
- 执行 FLUSHALL 命令；
- 执行复制（replication）时。

下面将逐个进行说明。

7.1.1 根据配置规则进行自动快照

Redis 允许用户自定义快照条件，当符合快照条件时，Redis 会自动执行快照操作。符合进行快照的条件可以由用户在配置文件中自定义，由两个参数构成：时间窗口 M 和更改的键的个数 N。每当 M 内被更改的键的个数大于 N 时，即符合自动快照条件。例如 Redis 安装目录中包含的样例配置文件中预置的 3 个条件：

```
save 900 1
save 300 10
save 60 10000
```

每个快照条件占一行，并且以 save 参数开头。同时可以存在多个条件，条件之间是"或"的关系。就这个例子而言，save 900 1 表示在 15 分钟（900 秒）内至少有一个键被更改则进行快照。同理，save 300 10 表示在 300 秒内至少有 10 个键被更改则进行快照。

7.1.2 执行 SAVE 或 BGSAVE 命令

除了让 Redis 自动进行快照，当进行服务重启、手动迁移以及备份时我们也会需要手动执行快照操作。Redis 提供了两条命令来完成这一任务。

1. SAVE

当执行 SAVE 命令时，Redis 同步地进行快照操作，在进行快照的过程中会阻塞所有来自客户端的请求。当数据库中的数据比较多时，这一过程会导致 Redis 较长时间无响应，所以应尽量避免在生产环境中使用这一命令。

2. BGSAVE

需要手动进行快照时推荐使用 BGSAVE 命令。BGSAVE 命令可以在后台异步地进行快照，快照的同时服务器还可以继续响应来自客户端的请求。执行 BGSAVE 命令后，Redis 会立即返回 OK，表示开始进行快照，如果想知道快照是否完成，可以通过 LASTSAVE 命令获取最近一次成功进行快照的时间，返回结果是一个 Unix 时间戳，例如：

```
redis> LASTSAVE
(integer) 1423537869
```

异步快照的具体过程可以参考 7.1.5 节，Redis 进行自动快照时采用的策略就是异步快照。

7.1.3 执行 FLUSHALL 命令

当执行 FLUSHALL 命令时，Redis 会清除数据库中的所有数据。需要注意的是，不论清空数据库的过程是否触发了自动快照条件，只要自动快照条件不为空，Redis 就会执行一次快照操作。例如，当定义的快照条件为 1 秒内更改 10000 个键时进行自动快照，而当数据库里只有一个键时，执行 FLUSHALL 命令也会触发快照，即使这一过程实际上只有一个键被更改了。

当没有定义自动快照条件时，执行 FLUSHALL 则不会进行快照。

7.1.4 执行复制时

当设置了主从模式时，Redis 会在复制初始化时进行自动快照。关于主从模式和复制的过程会在第 8 章详细介绍，这里只需要了解当使用复制操作时，即使没有定义自动快照条件，并且没有手动执行过快照操作，也会生成 RDB 快照文件。

7.1.5 快照原理

厘清 Redis 实现快照的过程对我们了解快照文件的特性有很大的帮助。Redis 默认会将快照文件存储在 Redis 当前进程的工作目录中的 dump.rdb 文件中，可以通过配置 dir 和 dbfilename 两个参数分别指定快照文件的存储路径和文件名。快照的过程如下。

（1）Redis 使用 fork 函数复制一份当前进程（父进程）的副本（子进程）；

（2）父进程继续接收并处理客户端发来的命令，而子进程开始将内存中的数据写入硬盘中的临时文件；

（3）当子进程写入所有数据后会用该临时文件替换旧的 RDB 文件，至此一次快照操作完成。

> 提示　在运行 fork() 函数的时候，操作系统（类 Unix 操作系统）会使用写时复制（copy-on-write）策略，即 fork() 函数发生的一刻父子进程共享同一内存数据，当父进程要更改其中某片数据时（如执行一条写命令），操作系统会将该片数据复制一份以保证子进程的数据不受影响，所以新的 RDB 文件存储的是运行 fork() 函数那一刻的内存数据。

> 写时复制策略也保证了在运行 fork() 函数的时刻虽然看上去生成了两份内存副本，但实际上内存的占用空间并不会增加一倍。这就意味着当操作系统内存只有 2 GB 而 Redis 数据库的内存有 1.5 GB 时，运行 fork() 函数后内存占用空间并不会增加到 3 GB（超出物理内存）。为此需要确保 Linux 操作系统允许应用程序申请超过可用内存（物理内存和交换分区）的空间，方法是在/etc/sysctl.conf 文件加入 vm.overcommit_memory = 1，然后重启系统或者执行 sysctl vm.overcommit_memory=1 确保设置生效。
>
> 另外需要注意的是，当进行快照的过程中，如果写入操作较多，造成运行 fork() 函数前后数据差异较大，会使得内存使用空间显著超过实际数据大小，因为内存中不仅保存了当前的数据库数据，而且保存着运行 fork() 函数时刻的内存数据。进行内存占用空间估算时很容易忽略这一问题，造成内存占用空间超限。

通过上述过程可以发现，Redis 在进行快照的过程中不会修改 RDB 文件，只有快照结束后才会将旧的文件替换成新的，也就是说任何时候 RDB 文件都是完整的。这使得我们可以通过定时备份 RDB 文件来实现 Redis 数据库备份。RDB 文件是经过压缩（可以配置 rdbcompression 参数以禁用压缩节省 CPU 占用）的二进制格式，所以占用的空间会小于内存中的数据大小，更加利于传输。

Redis 启动后会读取 RDB 快照文件，将数据从硬盘加载到内存。根据数据量大小和结构以及服务器性能的不同，这个加载时间也不同。通常将一个记录 1000 万个字符串类型键、大小为 1 GB 的快照文件加载到内存中需要花费 20～30 秒。

通过 RDB 方式实现持久化，一旦 Redis 异常退出，就会丢失最后一次快照以后更改的所有数据。这就需要开发者根据具体的应用场景，通过组合设置自动快照条件的方式来将可能发生的数据丢失控制在能够接受的范围。例如，使用 Redis 存储缓存数据时，丢失最近几秒的数据或者丢失最近更新的几十个键并不会有很大的影响。如果数据相对重要，希望将数据丢失降到最小，则可以使用 AOF 方式进行持久化。

7.2　AOF 方式

当使用 Redis 存储非临时数据时，一般需要打开 AOF 持久化来降低进程终止导致的数据丢失。AOF 可以将 Redis 执行的每一条写命令追加到硬盘文件中，这一过程显然会降低 Redis 的性能，但是大部分情况下这个影响是可以接受的，另外使用读写速度较快的硬盘可以提高 AOF 的性能。

7.2.1 开启 AOF

默认情况下 Redis 没有开启仅附加文件（Append Only File，AOF）方式的持久化，可以通过 `appendonly` 参数启用：

```
appendonly yes
```

开启 AOF 持久化后，每执行一条会更改 Redis 中的数据的命令，Redis 就会将该命令写入硬盘中的 AOF 文件。AOF 文件的保存位置和 RDB 文件的位置相同，都是通过 `dir` 参数设置的，默认的文件名是 appendonly.aof，可以通过 `appendfilename` 参数修改：

```
appendfilename appendonly.aof
```

7.2.2 AOF 的实现

AOF 文件以纯文本的形式记录了 Redis 执行的写命令，例如在开启 AOF 持久化的情况下执行了如下 4 条命令：

```
SET foo 1
SET foo 2
SET foo 3
GET foo
```

Redis 会将前 3 条命令写入 AOF 文件中，此时 AOF 文件中的内容如下：

```
*2
$6
SELECT
$1
0
*3
$3
set
$3
foo
$1
1
*3
$3
set
$3
foo
$1
2
*3
```

```
$3
set
$3
foo
$1
3
```

可见 AOF 文件的内容正是 Redis 客户端向 Redis 发送的原始通信协议的内容（Redis
的通信协议会在 9.2 节介绍，为了便于阅读，这里将实际的命令部分以粗体显示），从中可
见 Redis 确实只记录了前 3 条命令。然而，此时有一个问题，前两条命令其实是冗余的，
因为这两条命令的执行结果会被第三条命令覆盖。随着执行的命令越来越多，AOF 文件的
大小也会越来越大，即使内存中实际的数据可能并没有多少。很自然，我们希望 Redis 可
以自动优化 AOF 文件，就上例而言，就是将前两条无用的命令删除，只保留第三条。实际
上 Redis 也正是这样做的，每当达到一定条件时 Redis 就会自动重写 AOF 文件，这个条件
可以在配置文件中设置：

```
auto-aof-rewrite-percentage 100
auto-aof-rewrite-min-size 64mb
```

auto-aof-rewrite-percentage 参数的意义是当目前的 AOF 文件大小超过上一次
重写时的 AOF 文件大小的百分之多少时会再次进行重写，如果之前没有重写过，则以启动时
的 AOF 文件大小为依据。auto-aof-rewrite-min-size 参数限制了允许重写的最小 AOF
文件大小，通常在 AOF 文件很小的情况下，即使其中有很多冗余的命令，我们也并不太关
心。除了让 Redis 自动重写，我们还可以主动使用 BGREWRITEAOF 命令手动重写 AOF 文件。

重写上例中的 AOF 文件后的内容为：

```
*2
$6
SELECT
$1
0
*3
$3
SET
$3
foo
$1
3
```

可见冗余的命令已经被删除了。重写的过程只和内存中的数据有关，和之前的 AOF
文件无关，这与 RDB 很相似，只不过二者的文件格式完全不同。

在启动时 Redis 会逐条执行 AOF 文件中的命令来将硬盘中的数据加载到内存中，加载
的速度相较 RDB 会慢一些。

7.2.3　同步硬盘数据

虽然每次执行更改数据库内容的操作时，AOF 都会将命令记录在 AOF 文件中，但是事实上，由于操作系统的缓存机制，数据并没有真正写入硬盘，而是进入了操作系统的硬盘缓存。在默认情况下，操作系统每 30 秒会执行一次同步操作，以便将硬盘缓存中的内容真正地写入硬盘。在这 30 秒的过程中，如果操作系统异常退出，则会导致硬盘缓存中的数据丢失。一般来讲，启用 AOF 持久化的应用都无法容忍这样的丢失，这就需要 Redis 在写入 AOF 文件后主动要求操作系统将缓存内容同步到硬盘中。在 Redis 中我们可以通过 appendfsync 参数设置同步的时机：

```
# appendfsync always
appendfsync everysec
# appendfsync no
```

在默认情况下，Redis 采用 everysec 规则，即每秒执行一次同步操作。always 表示每次执行写入都会执行同步操作，这是最安全也是最慢的方式。no表示不主动执行同步操作，而是完全交由操作系统来执行（即每 30 秒一次），这是最快但最不安全的方式。一般情况下使用默认值 everysec 就足够了，既兼顾了性能又保证了安全。

Redis 允许同时开启 AOF 和 RDB，这样既保证了数据安全又使得进行备份等操作十分容易。此时重新启动 Redis 后 Redis 会使用 AOF 文件来恢复数据，因为 AOF 方式的持久化可能丢失的数据更少。

第 8 章

集群

作为一个小型项目，小白的博客系统使用一台 Redis 服务器已经足够了，然而现实中的项目通常需要若干 Redis 服务器的支持。

（1）从结构上，单台 Redis 服务器会发生单点故障，同时一台服务器需要承受所有的请求负载。这就需要为数据生成多个副本并分配在不同的服务器上；

（2）从容量上，单台 Redis 服务器的内存非常容易成为存储瓶颈，所以需要进行数据分片。

同时拥有多台 Redis 服务器后就会面临如何管理集群的问题，包括如何增加节点、故障恢复等操作。

为此，本章将依次详细介绍 Redis 中的复制、哨兵（sentinel）和集群（cluster）的使用和原理。

8.1 复制

通过持久化功能，Redis 保证了即使在服务器重启的情况下也不会丢失（或少量丢失）数据。但是由于数据是存储在一台服务器上的，因此如果这台服务器出现硬盘故障等问题，也会导致数据丢失。为了避免单点故障，通常的做法是将数据库复制多个副本以部署在不同的服务器上，这样即使有一台服务器出现故障，其他服务器依然可以继续提供服务。为此，Redis 提供了复制（replication）功能，可以实现在一个数据库中的数据更新后，自动将更新的数据同步到其他数据库上。

8.1.1 配置

在复制的概念中，数据库分为两类，一类是主数据库（master），另一类是从数据库①（replica）。主数据库可以进行读写操作，当写操作导致数据变化时会自动将数据同步给从数据库。而从数据库一般是只读的，并接收主数据库同步过来的数据。一个主数据库可以拥有多个从数据库，而一个从数据库只能拥有一个主数据库，如图 8-1 所示。

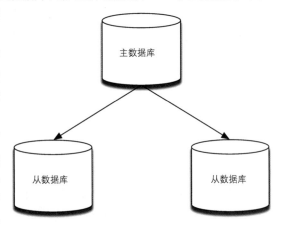

在 Redis 中使用复制功能非常容易，只需要在从数据库的配置文件中加入"slaveof 主数据库地址 主数据库端口"②，主数据库无须进行任何配置。

为了能够更直观地展示复制的流程，下面将实现一个最简化的复制系统。我们要在一台服务器上启动两个 Redis 实例，其中一个作为主数据库，另一个作为从数据库，监听不同端口。首先我们不加任何参数来启动一个 Redis 实例作为主数据库：

图 8-1　一个主数据库可以拥有多个从数据库

```
$ redis-server
```

该实例默认监听 6379 端口。然后加上 slaveof 参数启动另一个 Redis 实例作为从数据库，并让其监听 6380 端口：

```
$ redis-server --port 6380 --slaveof 127.0.0.1 6379
```

此时，在主数据库中的任何数据变化都会自动地同步到从数据库中。我们打开 redis-cli 实例 A 并连接到主数据库：

```
$ redis-cli -p 6379
```

再打开 redis-cli 实例 B 并连接到从数据库：

```
$ redis-cli -p 6380
```

此时我们使用 INFO 命令来分别在实例 A 和实例 B 中获取 replication 节点的相关信息：

---

① 这里的"数据库"泛指 Redis 服务器，不表示 Redis 的应用方式。
② Redis 在 2018 年统一将名词"slave"修改为"replica"。在 Redis 5 之后，所有包含"slave"的命令或者配置都可以用"replica"代替，同时旧的命令或配置依然继续保持兼容。如"slaveof"既可以继续使用，也可以使用"replicaof"。考虑到使用旧版本的读者，本书在命令和配置部分依然使用"slave"，但是在其他地方（如名词解释）则会使用"replica"。另外值得注意的是，考虑到兼容性，Redis 对于返回结果中的词汇依然保持了"slave"。

```
redis A> INFO replication
role:master
connected_slaves:1
slave0:ip=127.0.0.1,port=6380,state=online,offset=1,lag=1
master_repl_offset:1
```

可以看到，实例 A 的角色（上面输出中的 role）是 master，即主数据库，同时已连接的从数据库（上面输出中的 connected_slaves）的个数为 1。

同样在实例 B 中获取相应的信息为：

```
redis B> INFO replication
role:slave
master_host:127.0.0.1
master_port:6379
```

从这里可以看到，实例 B 的 role 是 slave，即从数据库，同时其主数据库的 IP 地址为 127.0.0.1，端口号为 6379。

在实例 A 中使用 SET 命令设置一个键的值：

```
redis A> SET foo bar
OK
```

此时在实例 B 中就可以获得该值了：

```
redis B> GET foo
"bar"
```

默认情况下，从数据库是只读的，如果直接修改从数据库的数据会出现错误：

```
redis B> SET foo hi
(error) READONLY You can't write against a read only slave.
```

可以通过设置从数据库的配置文件中的 slave-read-only 为 no 以使从数据库可写，但是因为对从数据库的任何更改都不会同步给任何其他数据库，并且一旦主数据库中更新了对应的数据就会覆盖从数据库中的更改，所以通常的场景下不应该设置从数据库可写，以免导致易被忽略的潜在应用逻辑错误。

配置多个从数据库的方法也一样，在所有的从数据库的配置文件中都加上 slaveof 参数指向同一个主数据库即可。

除了通过配置文件或命令行参数设置 slaveof 参数，还可以在运行时使用 SLAVEOF 命令修改：

```
redis> SLAVEOF 127.0.0.1 6379
```

如果该数据库已经是其他主数据库的从数据库了，SLAVEOF 命令会停止和原来数据库的同步转而和新数据库同步。此外对从数据库来说，还可以使用 SLAVEOF NO ONE 命令来使当前数据库停止接收其他数据库的同步数据并转换成为主数据库。

8.1.2　原理

了解 Redis 复制的原理对日后运维有很大的帮助，包括如何规划节点，如何处理节点故障等。下面将详细介绍 Redis 实现复制的过程。

当一个从数据库启动后，会向主数据库发送 SYNC 命令。同时主数据库接收到 SYNC 命令后会开始在后台保存快照（即 RDB 持久化的过程），并将保存快照期间接收到的命令缓存起来。当快照完成后，Redis 会将快照文件和所有缓存的命令发送给从数据库。从数据库收到后，会载入快照文件并执行收到的缓存的命令。以上过程称为复制初始化。复制初始化结束后，主数据库每当收到写命令时就会将命令同步给从数据库，从而保证主从数据库数据一致。

当主从数据库之间的连接断开重连后，Redis 2.6 以及之前的版本会重新进行复制初始化（即主数据库重新保存快照并传送给从数据库），即使从数据库仅有几条命令没有收到，主数据库也必须要将数据库里的所有数据重新传送给从数据库。这使得主从数据库断线重连后的数据恢复过程效率很低，在网络环境不好的时候这一问题尤其明显。Redis 2.8 的一个重要改进就是断线重连能够支持有条件的增量数据传输，当从数据库重新连接上主数据库后，主数据库只需要将断线期间执行的命令传送给从数据库，从而大大提高 Redis 复制的实用性。8.1.7 节会详细介绍增量复制的实现原理以及应用条件。

下面将从具体协议角度详细介绍复制初始化的过程。由于 Redis 服务器使用 TCP 通信，因此我们可以使用 telnet 工具伪装成一个从数据库来与主数据库通信。首先在命令行中连接主数据库（默认端口号为 6379，假设目前没有任何从数据库连接）：

```
$ telnet 127.0.0.1 6379
Trying 127.0.0.1...
Connected to localhost.
Escape character is '^]'.
```

然后作为从数据库，我们先要发送 PING 命令确认主数据库是否可以连接：

```
PING
+PONG
```

主数据库会回复+PONG。如果没有收到主数据库的回复，则向用户提示错误。如果主数据库需要密码才能连接，我们还要发送 AUTH 命令进行验证（关于 Redis 的安全设置会在 9.1 节介绍）。而后向主数据库发送 REPLCONF 命令说明自己的端口号（这里随便选择了一个）：

```
REPLCONF listening-port 6381
+OK
```

此时就可以开始同步的过程了：向主数据库发送 SYNC①命令开始同步，此时主数据库

---

① 从 Redis 2.8 版本开始，从数据库会向主数据库发送 PSYNC 命令来代替 SYNC 以实现增量复制，具体请参考 8.1.7 节。

发送回快照文件和缓存的命令。目前主数据库中只有一个 foo 键，所以收到的内容如下（快照文件是二进制格式，从第三行开始）：

```
SYNC
$29
REDIS0006?foobar?6_?"
```

从数据库会将收到的内容写入硬盘上的临时文件中，当写入完成后从数据库会用该临时文件替换 RDB 快照文件（RDB 快照文件的位置就是持久化时配置的位置，由 dir 和 dbfilename 两个参数确定），之后的操作就和 RDB 持久化时启动恢复的过程一样了。需要注意的是，在同步的过程中从数据库并不会阻塞，而是可以继续处理客户端发来的命令。默认情况下，从数据库会用同步前的数据对命令进行响应。可以配置 slave-serve-stale-data 参数为 no 来使从数据库在同步完成前对所有命令（除了 INFO 和 SLAVEOF）都回复错误："SYNC with master in progress."

复制初始化阶段结束后，主数据库执行的任何会导致数据变化的命令都会异步地传送给从数据库，这一过程为复制同步阶段。同步的内容和 Redis 通信协议（会在 9.2 节介绍）一样，例如我们在主数据库中执行 SET foo hi，通过 telnet 我们收到了：

```
*3
$3
set
$3
foo
$2
hi
```

复制同步阶段会贯穿整个主从同步过程的始终，直到主从关系终止为止。

在复制的过程中，快照无论在主数据库还是从数据库中都起了很大的作用，只要执行复制就会进行快照，即使我们关闭了 RDB 方式的持久化（通过删除所有 save 参数）。Redis 2.8.18 版本开始支持无硬盘复制，相关内容会在 8.1.6 节介绍。

> **乐观复制**　Redis 采用了乐观复制（optimistic replication）的复制策略，容忍在一定时间内主从数据库的内容是不同的，但是两者的数据最终会同步。具体来说，Redis 在主从数据库之间复制数据的过程本身是异步的，这意味着，主数据库执行完客户端请求的命令后会立即将命令在主数据库的执行结果返回给客户端，并异步地将命令同步给从数据库，而不会等待从数据库接收到该命令后再返回给客户端。这一特性保证了启用复制后主数据库的性能不会受到影响，但同时也会产生一个主从数据库数据不一致的时间窗口，当主数据库执行了一条写命令后，主数据库的数据已经发生了变动，然而在主数据库将该命令传送给从数据库之前，如果两个数据库之间的网络连接断开了，此时二者的数据就会不一致。从这个角度来看，主数据库是无法得知某条命令最终同

步给了多少个从数据库的，不过 Redis 提供了两个配置选项来限制只有当数据至少同步给指定数量的从数据库时，主数据库才是可写的：

```
min-slaves-to-write 3
min-slaves-max-lag 10
```

上面的配置中，min-slaves-to-write 表示只有当 3 个或 3 个以上的从数据库连接到主数据库时，主数据库才是可写的，否则会返回错误，例如：

```
redis> SET foo bar
(error) NOREPLICAS Not enough good slaves to write.
```

min-slaves-max-lag 表示允许从数据库最长失去连接的时间，如果从数据库最后与主数据库联系（即发送 REPLCONF ACK 命令）的时间小于这个值，则认为从数据库还在保持与主数据库的连接。举个例子，按上面的配置，假设主数据库与 3 个从数据库相连，其中一个从数据库上一次与主数据库联系是 9 秒前，此时主数据库可以正常接受写入，一旦 1 秒过后这台从数据库依旧没有活动，则主数据库认为目前连接的从数据库只有 2 个，从而拒绝写入。这一特性默认是关闭的，在分布式系统中，打开并合理配置该选项后可以解决主从架构中因为网络分区导致的数据不一致的问题。具体内容在 8.2 节还会介绍。

8.1.3 图结构

从数据库不仅可以接收主数据库的同步数据，自己也可以同时作为主数据库存在，形成类似于图的结构，如图 8-2 所示，数据库 A 的数据会同步到 B 和 C 中，而 B 中的数据会同步到 D 和 E 中。向 B 中写入的数据不会同步到 A 或 C 中，只会同步到 D 和 E 中。

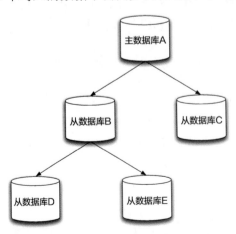

图 8-2 从数据库也可拥有从数据库

8.1.4 读写分离与一致性

通过复制可以实现读写分离，以提高服务器的负载能力。在常见的场景中（如电子商务网站），读的频率大于写，当单机的 Redis 无法应对大量的读请求时（尤其是较耗资源的请求，如 SORT 命令等），可以通过复制功能建立多个从数据库节点，主数据库只进行写操作，而从数据库负责读操作。这种一主多从的结构很适合读多写少的场景，而当单个主数据库不能够满足需求时，就需要使用 Redis 3.0 推出的集群功能，8.3 节会详细介绍。

8.1.5 从数据库持久化

另一个相对耗时的操作是持久化，为了提高性能，可以通过复制功能建立一个（或若干）从数据库，并在从数据库中启用持久化，同时在主数据库禁用持久化。当从数据库崩溃重启后主数据库会自动将数据同步过来，所以无须担心数据丢失。

然而，当主数据库崩溃时，情况就稍显复杂了。手动通过从数据库数据恢复主数据库数据时，需要严格按照以下两步进行。

（1）在从数据库中使用 SLAVEOF NO ONE 命令将从数据库提升成主数据库继续服务。

（2）启动之前崩溃的主数据库，然后使用 SLAVEOF 命令将其设置成新的主数据库的从数据库，即可将数据同步回来。

> **注意** 当开启复制且主数据库关闭持久化功能时，一定不要使用 Supervisor 以及类似的进程管理工具令主数据库崩溃后自动重启。同样当主数据库所在的服务器因故关闭时，也要避免直接重新启动。这是因为当主数据库重新启动后，由于没有开启持久化功能，数据库中所有数据都被清空，此时从数据库依然会从主数据库中接收数据，使得所有从数据库也被清空，导致从数据库的持久化失去意义。

无论哪种情况，手动维护从数据库或主数据库的重启以及数据恢复都相对麻烦，好在 Redis 提供了一种自动化方案——哨兵来实现这一过程，避免了手动维护的麻烦和容易出错的问题，8.2 节会详细介绍哨兵。

8.1.6 无硬盘复制

8.1.2 节介绍 Redis 复制的工作原理时介绍了复制是基于 RDB 方式的持久化实现的，即主数据库端在后台保存 RDB 快照，从数据库端则接收并载入快照文件。这样实现的优点是可以显著地简化逻辑，复用已有的代码，但是缺点也很明显。

（1）当主数据库禁用 RDB 快照时（即删除了所有的配置文件中的 save 语句），如果执行了复制初始化操作，Redis 依然会生成 RDB 快照，所以下次启动后主数据库会以该快照恢复数据。因为复制发生的时间不能确定，这使得恢复的数据可能是任何时间点的。

（2）因为复制初始化时需要在硬盘中创建 RDB 快照文件，所以如果硬盘性能很低（如网络硬盘），这一过程会对性能产生影响。举例来说，当使用 Redis 作为缓存系统时，因为不需要持久化，所以服务器的硬盘读写速度可能较慢。但是当该缓存系统使用一主多从的集群架构时，每次和从数据库同步，Redis 都会执行一次快照，同时对硬盘进行读写，导致性能降低。

因此从 2.8.18 版开始，Redis 引入了无硬盘复制选项，开启该选项时，Redis 在与从数据库进行复制初始化时将不会将快照内容存储到硬盘上，而是直接通过网络发送给从数据库，避免了硬盘的性能瓶颈。

目前无硬盘复制的功能还在试验阶段，可以在配置文件中使用如下配置来开启该功能：

```
repl-diskless-sync yes
```

8.1.7　增量复制

8.1.2 节在介绍复制的原理时提到当主从数据库断开连接后，从数据库会发送 SYNC 命令来重新进行一次完整复制操作。这样即使断开期间数据库的变化很小（甚至没有），也需要将数据库中的所有数据重新快照并传送一次。在正常的网络应用环境中，这种实现方式显然不太理想。Redis 2.8 相对 2.6 版的最重要的更新之一就是实现了主从断线重连的情况下的增量复制。

增量复制是基于如下 3 点实现的。

（1）从数据库会存储主数据库的运行 ID（run id）。每个 Redis 运行实例均会拥有一个唯一的运行 ID，每当实例重启后，就会自动生成一个新的运行 ID。

（2）在复制同步阶段，主数据库每将一条命令传送给从数据库时，都会同时把该命令存放到一个积压队列（backlog）中，并记录下当前积压队列中存放的命令的偏移量范围。

（3）同时，从数据库接收到主数据库传来的命令时，会记录下该命令的偏移量。

这 3 点是实现增量复制的基础。回到 8.1.2 节的主从通信流程，可以看到，当主从连接准备就绪后，从数据库会发送一条 SYNC 命令来告诉主数据库可以开始把所有数据同步过来了。而 2.8 版本开始，不再发送 SYNC 命令，取而代之的是发送 PSYNC 命令，格式为"PSYNC 主数据库的运行 ID 断开前最新的命令偏移量"。主数据库收到 PSYNC 命令后，会执行以下判断来决定此次重连是否可以执行增量复制。

（1）主数据库会判断从数据库传送来的运行 ID 是否和自己的运行 ID 相同。这一步骤的意义在于确保从数据库之前确实是和自己同步的，以免从数据库拿到错误的数据（例如主数据库在断线期间重启过，会造成数据的不一致）。

（2）判断从数据库最后同步成功的命令偏移量是否在积压队列中，如果在则可以执行增量复制，并将积压队列中相应的命令发送给从数据库。

如果此次重连不满足增量复制的条件，主数据库会进行一次全部同步（即与 Redis 2.6 的过程相同）。

大多数情况下，增量复制的过程对开发者来说是完全透明的，开发者不需要关心增量复制的具体细节。2.8 版的主数据库也可以正常地和旧版本的从数据库同步（通过接收 SYNC 命令），同样 2.8 版的从数据库也可以与旧版本的主数据库同步（通过发送 SYNC 命令）。唯一需要开发者设置的就是积压队列的大小了。

积压队列在本质上是一个固定长度的循环队列，默认情况下积压队列的大小为 1 MB，可以通过配置文件的 `repl-backlog-size` 选项来调整。很容易理解的是，积压队列越大，其允许的主从数据库断线的时间就越长。根据主从数据库之间的网络状态，设置大小合理的积压队列很重要。因为积压队列存储的内容是命令本身，如 `SET foo bar`，所以估算积压队列的大小只需要估计主从数据库断线的时间中主数据库可能执行的命令的大小。

与积压队列相关的另一个配置选项是 `repl-backlog-ttl`，即当所有从数据库与主数据库断开连接后，经过多长时间可以释放积压队列的内存空间。默认时间是 1 小时。

8.2 哨兵

8.1 节介绍了 Redis 中复制的原理和使用方式，在一个典型的一主多从的 Redis 系统中，从数据库在整个系统中起到了数据冗余备份和读写分离的作用。当主数据库遇到异常中断服务后，开发者可以通过手动的方式选择一个从数据库来升级为主数据库，以使得系统能够继续提供服务。然而，整个过程相对麻烦且需要人工介入，难以实现自动化。

为此，Redis 2.8 中提供了哨兵工具来实现自动化的系统监控和故障恢复功能。

> **注意** Redis 2.6 版也提供了哨兵工具，但此时的哨兵是 1.0 版，存在非常多的问题，在任何情况下都不应该使用这个版本的哨兵。所以本书中介绍的哨兵都是 Redis 2.8 提供的哨兵 2，后文不再赘述。

8.2.1 什么是哨兵

顾名思义，哨兵的作用就是监控 Redis 系统的运行状况，它的功能包括以下两个。

（1）监控主数据库和从数据库是否正常运行。

（2）当主数据库出现故障时，自动将从数据库转换为主数据库。

哨兵是一个独立的进程，使用哨兵的一个典型架构如图 8-3 所示。

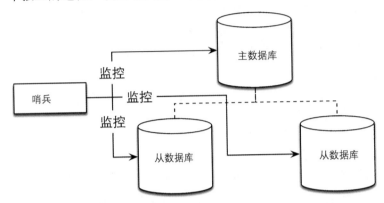

图 8-3　一个典型的使用哨兵的 Redis 架构。虚线表示主从复制
关系，实线表示哨兵的监控路径

在一个一主多从的 Redis 系统中，可以使用多个哨兵进行监控任务以保证系统足够稳健，如图 8-4 所示。注意，此时不仅哨兵会同时监控主数据库和从数据库，哨兵之间也会互相监控。

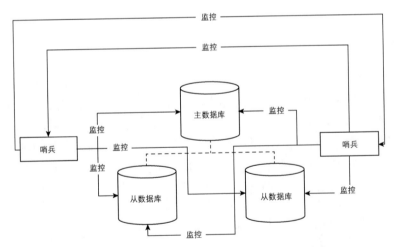

图 8-4　一个一主多从系统中可以有多个哨兵同时监视整个系统

8.2.2　马上上手

在理解哨兵的原理前，我们首先实际使用一下哨兵，了解哨兵是如何工作的。为简单起见，我们将以图 8-2 所示的架构为例进行模拟。首先按照 8.1 节介绍的方式建立起 3 个

Redis 实例，其中包括一个主数据库和两个从数据库。主数据库的端口号为 6379，两个从数据库的端口号分别为 6380 和 6381。我们使用 Redis 命令行客户端来获取复制状态，以保证复制配置正确。

首先是主数据库：

```
redis 6379> INFO replication
# Replication
role:master
connected_slaves:2
slave0:ip=127.0.0.1,port=6380,state=online,offset=10125,lag=0
slave1:ip=127.0.0.1,port=6381,state=online,offset=10125,lag=1
```

可见其连接了两个从数据库，配置正确。然后用同样的方法查看两个从数据库的配置：

```
redis 6380> INFO replication
# Replication
role:slave
master_host:127.0.0.1
master_port:6379
```

```
redis 6381> INFO replication
# Replication
role:slave
master_host:127.0.0.1
master_port:6379
```

当出现的信息如上时，即证明一主二从的复制配置已经成功了。

接下来开始配置哨兵。建立一个配置文件，如 sentinel.conf，内容为：

```
sentinel monitor mymaster 127.0.0.1 6379 1
```

其中，`mymaster` 表示要监控的主数据库的名字，可以自己定义一个。这个名字必须仅由大小写字母、数字和 .-_ 这 3 个字符组成。后两个参数表示主数据库的 IP 地址和端口号，这里我们要监控的是主数据库 6379 端口。最后的 1 表示最低通过票数，后面会介绍。接下来执行启动 Sentinel 进程，并将上述配置文件的路径传递给哨兵：

```
$ redis-sentinel /path/to/sentinel.conf
```

需要注意的是，配置哨兵监控一个系统时，只需要配置其监控主数据库，哨兵会自动发现所有复制该主数据库的从数据库，具体原理后面会详细介绍。

启动哨兵后，哨兵输出如下内容：

```
[71835] 19 Feb 22:32:28.730 # Sentinel runid is
e3290844c1a404699479771846b716c7fc830e80
[71835] 19 Feb 22:32:28.730 # +monitor master mymaster 127.0.0.1 6379 quorum 1
[71835] 19 Feb 22:33:09.997 * +slave slave 127.0.0.1:6380 127.0.0.1 6380 @ mymaster
127.0.0.1 6379
[71835] 19 Feb 22:33:30.068 * +slave slave 127.0.0.1:6381 127.0.0.1 6381 @ mymaster
127.0.0.1 6379
```

其中，+slave 表示新发现了从数据库，可见哨兵成功地发现了两个从数据库。现在哨兵已经在监控这 3 个 Redis 实例了，此时我们将主数据库（即运行在 6379 端口上的 Redis 实例）关闭（杀死进程或使用 SHUTDOWN 命令），等待指定时间后（可以配置，默认为 30 秒），哨兵会输出如下内容：

```
[71835] 19 Feb 22:36:03.780 # +sdown master mymaster 127.0.0.1 6379
[71835] 19 Feb 22:36:03.780 # +odown master mymaster 127.0.0.1 6379 #quorum 1/1
```

其中，+sdown 表示哨兵主观认为主数据库停止服务了，而+odown 则表示哨兵客观认为主数据库停止服务了，关于主观和客观的区别后面会详细介绍。此时哨兵开始进行故障恢复，即挑选一个从数据库，将其升格为主数据库。同时输出如下内容：

```
[71835] 19 Feb 22:36:03.780 # +try-failover master mymaster 127.0.0.1 6379
……
[71835] 19 Feb 22:36:05.913 # +failover-end master mymaster 127.0.0.1 6379
[71835] 19 Feb 22:36:05.913 # +switch-master mymaster 127.0.0.1 6379 127.0.0.1 6380
[71835] 19 Feb 22:36:05.914 * +slave slave 127.0.0.1:6381 127.0.0.1 6381 @ mymaster
127.0.0.1 6380
[71835] 19 Feb 22:36:05.914 * +slave slave 127.0.0.1:6379 127.0.0.1 6379 @ mymaster
127.0.0.1 6380
```

+try-failover 表示哨兵开始进行故障恢复，+failover-end 表示哨兵完成故障恢复，其间涉及的内容比较复杂，包括领头哨兵的选举、备选从数据库的选择等，放到后面介绍，此处只需要关注最后 3 条输出。+switch-master 表示主数据库从 6379 端口迁移到 6380 端口，即 6380 端口的从数据库被升格为主数据库，同时两个+slave 则列出了新的主数据库的两个从数据库，端口号分别为 6381 和 6379。其中，6379 端口就是之前停止服务的主数据库，可见哨兵并没有彻底清除停止服务的实例的信息，这是因为停止服务的实例有可能会在之后的某个时间恢复服务，此时哨兵会让其重新加入进来，所以当实例停止服务后，哨兵会更新该实例的信息，使得当其重新加入后可以按照当前信息继续对外提供服务。此例中 6379 端口的主数据库实例停止服务了，而 6380 端口的从数据库已经升格为主数据库，当 6379 端口的实例恢复服务后，会转变为 6380 端口实例的从数据库来运行，所以哨兵将 6379 端口实例的信息修改成了 6380 端口实例的从数据库。

故障恢复完成后，可以使用 Redis 命令行客户端重新检查 6380 和 6381 两个端口上的实例的复制信息：

```
redis 6380> INFO replication
# Replication
role:master
connected_slaves:1
slave0:ip=127.0.0.1,port=6381,state=online,offset=270651,lag=1

redis 6381> INFO replication
# Replication
role:slave
```

```
master_host:127.0.0.1
master_port:6380
```

可以看到 6380 端口上的实例确实已经升格为主数据库了，同时 6381 端口上的实例是其从数据库。整个故障恢复过程就此完成。

那么，此时我们将 6379 端口上的实例重新启动，会发生什么情况呢？首先哨兵会监控到这一变化，并输出：

```
[71835] 19 Feb 23:46:14.573 # -sdown slave 127.0.0.1:6379 127.0.0.1 6379 @ mymaster
127.0.0.1 6380
[71835] 19 Feb 23:46:24.504 * +convert-to-slave slave 127.0.0.1:6379 127.0.0.1 6379
@ mymaster 127.0.0.1 6380
```

-sdown 表示实例 6379 端口已经恢复服务了（与+sdown 相反），同时+convert-to-slave 表示将 6379 端口的实例设置为 6380 端口实例的从数据库。此时使用 Redis 命令行客户端查看 6379 端口实例的复制信息为：

```
redis 6379> INFO replication
# Replication
role:slave
master_host:127.0.0.1
master_port:6380
```

同时 6380 端口实例的复制信息为：

```
redis 6380> INFO replication
# Replication
role:master
connected_slaves:2
slave0:ip=127.0.0.1,port=6381,state=online,offset=292948,lag=1
slave1:ip=127.0.0.1,port=6379,state=online,offset=292948,lag=1
```

正如预期一样，6380 端口实例的从数据库变为了两个，6379 端口实例成功恢复服务。

8.2.3　实现原理

一个哨兵进程启动时会读取配置文件的内容，通过如下的配置找出需要监控的主数据库：

```
sentinel monitor master-name ip redis-port quorum
```

其中，*master-name* 代表一个由大写字母、小写字母、数字和.-_组成的主数据库的名字，因为考虑到故障恢复后当前监控的系统的主数据库的 IP 地址和端口会产生变化，所以哨兵提供了命令可以通过主数据库的名字获取当前系统的主数据库的 IP 地址和端口号。

ip 表示当前系统中主数据库的 IP 地址，而 *redis-port* 则表示端口号。

quorum 用来表示执行故障恢复操作前至少需要几个哨兵节点同意，后文会详细介绍。

一个哨兵节点可以同时监控多个 Redis 主从系统，只需要提供多个 sentinel monitor

配置，例如：

```
sentinel monitor mymaster 127.0.0.1 6379 2
sentinel monitor othermaster 192.168.1.3 6380 4
```

同时多个哨兵节点也可以同时监控同一个 Redis 主从系统，从而形成网状结构。具体实现时如何协调哨兵与主从系统的数量关系会在 8.2.4 节介绍。

配置文件中还可以定义其他监控相关的参数，每个配置选项都包含主数据库的名字，这使得监控不同主数据库时可以使用不同的配置参数。例如：

```
sentinel down-after-milliseconds mymaster 60000
sentinel down-after-milliseconds othermaster 10000
```

上面的两行配置了 mymaster 和 othermaster 的 down-after-milliseconds 选项，分别为 60000 和 10000。

哨兵启动后，会与要监控的主数据库建立两个连接，这两个连接的建立方式与普通的 Redis 客户端无异。其中，一个连接用来订阅该主数据库的__sentinel__:hello 频道以获取其他同样监控该数据库的哨兵节点的信息，另外哨兵也需要定期向主数据库发送 INFO 等命令来获取主数据库本身的信息，因为 4.4.4 节介绍过当客户端的连接进入订阅模式时就不能再执行其他命令了，所以此时哨兵会使用另外一个连接来发送这些命令。

和主数据库的连接建立完成后，哨兵会定时执行下面 3 个操作。

（1）每 10 秒哨兵会向主数据库和从数据库发送 INFO 命令。

（2）每 2 秒哨兵会向主数据库和从数据库的__sentinel__:hello 频道发送自己的信息。

（3）每 1 秒哨兵会向主数据库、从数据库和其他哨兵节点发送 PING 命令。

这 3 个操作贯穿哨兵进程的整个生命周期中，非常重要，可以说了解了这 3 个操作的意义就能够了解哨兵工作原理的一半内容了，下面分别详细介绍。

首先，发送 INFO 命令使得哨兵可以获得当前数据库的相关信息（包括运行 ID、复制信息等）从而实现新节点的自动发现。前面说配置哨兵监控 Redis 主从系统时只需要指定主数据库的信息，因为哨兵正是借助 INFO 命令来获取所有复制该主数据库的从数据库信息的。启动后，哨兵向主数据库发送 INFO 命令，通过解析返回结果来得知从数据库列表，而后对每个从数据库同样建立两个连接，两个连接的作用和前文介绍的与主数据库建立的两个连接完全一致。在此之后，哨兵会每 10 秒定时向已知的所有主从数据库发送 INFO 命令来获取信息更新并进行相应操作，例如对新增的从数据库建立连接并加入监控列表，对主从数据库的角色变化（由故障恢复操作引起）进行信息更新等。

接下来哨兵向主从数据库的__sentinel__:hello 频道发送消息来与同样监控该数据库的哨兵分享自己的信息。发送的消息内容为：

<哨兵的地址>，<哨兵的端口>，<哨兵的运行 ID>，<哨兵的配置版本>，<主数据库的名字>，<主数据库的 IP 地址>，<主数据库的端口号>，<主数据库的配置版本>

可以看到消息包括哨兵的基本信息，以及其监控的主数据库的信息。前文介绍过，哨

兵会订阅每个其监控的数据库的 `__sentinel__:hello` 频道，所以当其他哨兵收到消息后，会判断发送消息的哨兵是不是新发现的哨兵。如果是则将其加入已发现的哨兵列表中并创建一个到其的连接（与数据库不同，哨兵与哨兵之间只会创建一个连接用来发送 PING 命令，而不需要创建另外一个连接来订阅频道，因为哨兵只需要订阅数据库的频道即可实现自动发现其他哨兵）。同时哨兵会判断消息中主数据库的配置版本，如果该版本比当前记录的主数据库的版本高，则更新主数据库的数据。配置版本的作用会在后面详细介绍。

实现了自动发现从数据库和其他哨兵节点后，哨兵要做的就是定时监控这些数据库和节点有没有停止服务。这是通过每隔一定时间向这些节点发送 PING 命令实现的。时间间隔与 down-after-milliseconds 选项有关，当 down-after-milliseconds 的值小于 1 秒时，哨兵会每隔 down-after-milliseconds 指定的时间发送一次 PING 命令，当 down-after-milliseconds 的值大于 1 秒时，哨兵会每隔 1 秒发送一次 PING 命令。例如：

```
// 每隔 1 秒发送一次 PING 命令
sentinel down-after-milliseconds mymaster 60000
// 每隔 600 毫秒发送一次 PING 命令
sentinel down-after-milliseconds othermaster 600
```

当超过 down-after-milliseconds 选项指定时间后，如果被 PING 的数据库或节点仍然未进行回复，则哨兵认为其**主观下线**（subjectively down）。主观下线表示从当前的哨兵进程看来，该节点已经下线。如果该节点是主数据库，则哨兵会进一步判断是否需要对其进行故障恢复：哨兵发送 `SENTINEL is-master-down-by-addr` 命令询问其他哨兵节点以了解它们是否也认为该主数据库主观下线，如果达到指定数量时，哨兵会认为其**客观下线**（objectively down），并选举领头的哨兵节点对主从系统发起故障恢复。这个指定数量即前文介绍的 quorum 参数。例如，下面的配置：

```
sentinel monitor mymaster 127.0.0.1 6379 2
```

该配置表示只有当至少两个 Sentinel 节点（包括当前节点）认为该主数据库主观下线时，当前哨兵节点才会认为该主数据库客观下线。进行接下来的选举领头哨兵步骤。

虽然当前哨兵节点发现了主数据库客观下线，需要故障恢复，但是故障恢复需要由领头的哨兵来完成，这样可以保证同一时间只有一个哨兵节点来进行故障恢复。选举领头哨兵的过程使用了 Raft 算法，具体过程如下。

（1）发现主数据库客观下线的哨兵节点（下面称作 A）向每个哨兵节点发送命令，要求对方选自己为领头哨兵。

（2）如果目标哨兵节点没有选过其他哨兵节点，则会同意将 A 设置成领头哨兵。

（3）如果 A 发现有超过半数且超过 quorum 参数值的哨兵节点同意选自己为领头哨兵，则 A 成功成为领头哨兵。

（4）如果有多个哨兵节点同时参选领头哨兵，则会出现没有任何节点当选的可能。此时每个参选节点将等待一个随机时间重新发起参选请求，进行下一轮选举，直到选举成功。

具体过程可以参考 Raft 算法的过程（可搜索"The Raft Consensus Algorithm Quick Links"获取）。因为要成为领头哨兵必须有超过半数的哨兵节点支持，所以每次选举最多只会选出一个领头哨兵。

选出领头哨兵后，领头哨兵将会开始对主数据库进行故障恢复。故障恢复的过程相对简单，具体如下。

首先领头哨兵将从停止服务的主数据库的从数据库中挑选一个来充当新的主数据库。挑选的依据如下。

（1）所有在线的从数据库中，选择优先级最高的从数据库。优先级可以通过 slave-priority 选项来设置。

（2）如果有多个最高优先级的从数据库，则复制的命令偏移量（见 8.1.7 节）越大（即复制越完整）越优先。

（3）如果以上条件都一样，则选择运行 ID 较小的从数据库。

选出一个从数据库后，领头哨兵将向从数据库发送 SLAVEOF NO ONE 命令使其升级为主数据库。而后领头哨兵向其他从数据库发送 SLAVEOF 命令来使其成为新主数据库的从数据库。最后一步则是更新内部的记录，将已经停止服务的旧的主数据库更新为新的主数据库的从数据库，使得当其恢复服务时自动以从数据库的身份继续服务。

8.2.4　哨兵的部署

哨兵以独立进程的方式对一个主从系统进行监控，监控的效果好坏与否取决于哨兵的视角是否有代表性。如果一个主从系统中配置的哨兵较少，哨兵对整个系统的判断的可靠性就会降低。极端情况下，当只有一个哨兵时，哨兵本身就可能会发生单点故障。整体来讲，相对稳妥的哨兵部署方案是使得哨兵的视角尽可能地与每个节点的视角一致，即：

（1）为每个节点（无论是主数据库还是从数据库）部署一个哨兵；

（2）使每个哨兵与其对应的节点的网络环境相同或相近。

这样的部署方案可以保证哨兵的视角拥有较高的代表性和可靠性。举一个例子：当网络分区后，如果哨兵认为某个分区是主要分区，即意味着从每个节点观察，该分区均为主分区。

同时设置 quorum 的值为 $N/2+1$（其中 N 为哨兵节点数量），这样使得只有当大部分哨兵节点同意后才会进行故障恢复。

当系统中的节点较多时，考虑到每个哨兵都会和系统中的所有节点建立连接，为每个节点分配一个哨兵会产生较多连接，尤其是当进行客户端分片时使用多个哨兵节点监控多个主数据库会因为 Redis 不支持连接复用而产生大量冗余连接，具体可以参考 GitHub 中"Very large Sentinel deployments require a crazy amount of connections."这个 issue。同时如果 Redis 节点负载较高，会在一定程度上影响其对哨兵的回复以及与其同机的哨兵和其他节点的通信。所以配置哨兵时还需要根据实际的生产环境情况进行选择。

8.3 集群

即使使用哨兵，此时的 Redis 集群的每个数据库依然存有集群中的所有数据，导致集群的总数据存储量受限于可用存储内存最小的数据库节点，从而形成木桶效应。由于 Redis 中的所有数据都是基于内存存储，这一问题就相当突出了，尤其是当使用 Redis 作为持久化存储服务使用时。

对 Redis 进行水平扩容时，在旧版 Redis 中通常使用客户端分片来解决这个问题，即启动多个 Redis 数据库节点，由客户端决定每个键交由哪个数据库节点存储，下次客户端读取该键时直接到该节点读取。这样可以实现将整个数据分布存储在 N 个数据库节点中，每个节点只存放总数据量的 $1/N$。但对需要扩容的场景来说，在客户端分片后，如果想增加更多的节点，就需要对数据进行手动迁移，同时在迁移的过程中为了保证数据的一致性，还需要将集群暂时下线，相对比较复杂。

考虑到 Redis 实例非常轻量的特点，可以采用预分片技术（presharding）来在一定程度上避免此问题，具体来说是在节点部署初期就提前考虑日后的存储规模，建立足够多的实例（如 128 个节点），初期时数据很少，所以每个节点存储的数据也非常少，但由于节点轻量的特性，数据之外的内存开销并不大，因此只需要很少的服务器即可运行这些实例。日后存储规模扩大后，所要做的不过是将某些实例迁移到其他服务器上，而不需要对所有数据进行重新分片并进行集群下线和数据迁移了。

无论如何，客户端分片终归是有非常多的缺点，例如维护成本高，增加、移除节点较烦琐等。Redis 3.0 的一大特性就是支持集群（Cluster，注意与本章标题中广义的"集群"相区别）功能。集群的特点在于拥有和单机实例同样的性能，同时在网络分区后能够提供一定的可访问性以及对主数据库故障恢复的支持。另外，集群支持几乎所有的单机实例支持的命令，对于涉及多键的命令（如 MGET），如果每个键都位于同一个节点中，则可以正常支持，否则会提示错误。除此之外集群还有一个限制是只能使用默认的 0 号数据库，如果执行 SELECT 切换数据库则会提示错误。

哨兵与集群是两个独立的功能，但从特性来看哨兵可以视为集群的子集，当不需要数据分片或者已经在客户端进行分片的场景下使用哨兵就足够了，但如果需要进行水平扩容，则集群是一个非常好的选择。

8.3.1 配置集群

使用集群，只需要将每个数据库节点的 cluster-enabled 配置选项打开即可。每个集群中至少需要 3 个主数据库才能正常运行。

为了演示集群的应用场景以及故障恢复等操作，这里以配置一个 3 主 3 从的集群系统为例。首先建立并启动 6 个 Redis 实例，需要注意的是配置文件中应该打开 cluster-enabled。一个示例配置为：

```
port 6380
cluster-enabled yes
```

其中，port 参数修改成实际的端口号即可。这里假设 6 个实例的端口号分别是 6380、6381、6382、6383、6384 和 6385。集群会将当前节点记录的集群状态持久化地存储在指定文件中，这个文件默认为当前工作目录下的 nodes.conf 文件。每个节点对应的文件必须不同，否则会造成启动失败，所以启动节点时要注意最后为每个节点使用不同的工作目录，或者通过 cluster-config-file 选项修改持久化文件的名称：

```
cluster-config-file nodes.conf
```

节点启动后的输出内容如图 8-5 所示。

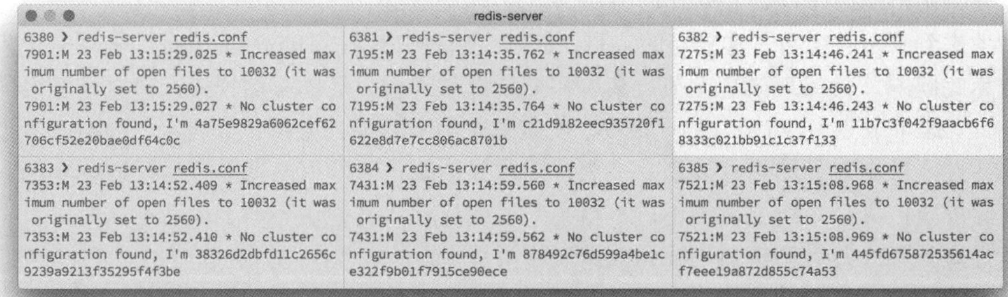

图 8-5　节点启动后的输出内容

每个节点启动后都会输出类似于下面的内容：

```
No cluster configuration found, I'm c21d9182eec935720f1622...
```

其中，c21d9182eec935720f1622...表示该节点的运行 ID，运行 ID 是节点在集群中的唯一标识；同一个运行 ID，可能 IP 地址和端口号是不同的。

启动后，可以使用 Redis 命令行客户端连接任意一个节点使用 INFO 命令来判断集群是否正常启用了：

```
redis> INFO cluster
# Cluster
cluster_enabled:1
```

其中，cluster_enabled 为 1 表示集群正常启用了。现在每个节点都是完全独立的，要将它们加入同一个集群里还需要几个步骤。

Redis 源代码中提供的一个辅助工具 redis-trib.rb 可以非常方便地完成这一任务。因为 redis-trib.rb 是用 Ruby 语言编写的，所以运行前需要在服务器上安装 Ruby 程序，具体安装方法请参阅相关文档。redis-trib.rb 依赖 gem 包 redis，可以执行 `gem install redis` 来安装。另外，对于 Redis 5 以及之后的版本，为了简化用户的使用，redis-cli 中集成了 redis-trib.rb 的功能，所以用户直接使用 redis-cli 即可。另外，新版本的 redis-cli 也可以正常操作旧版本的 Redis 集群。

使用 redis-trib.rb 来初始化集群，只需要执行：

```
$ /path/to/redis-trib.rb create --replicas 1 127.0.0.1:6380 127.0.0.1:6381
127.0. 0.1:6382 127.0.0.1:6383 127.0.0.1:6384 127.0.0.1:6385
```

其中，`create` 参数表示要初始化集群，`--replicas 1` 表示每个主数据库拥有的从数据库个数为 1，所以整个集群共有 3（6/2）个主数据库以及 3 个从数据库。

相应地，如果使用 redis-cli 来初始化集群，参数也类似，只是要把参数加上 `cluster` 前缀。例如：

```
$ redis-cli --cluster create --cluster-replicas 1 127.0.0.1:6380 127.0.0.1:6381
127.0.0.1:6382 127.0.0.1:6383 127.0.0.1:6384 127.0.0.1:6385
```

本书后面会统一使用 redis-trib.rb 来进行演示，使用 redis-cli 的读者可以自行进行相应调整。

执行完后，redis-trib.rb 或 redis-cli 会输出如下内容：

```
>>> Creating cluster
Connecting to node 127.0.0.1:6380: OK
Connecting to node 127.0.0.1:6381: OK
Connecting to node 127.0.0.1:6382: OK
Connecting to node 127.0.0.1:6383: OK
Connecting to node 127.0.0.1:6384: OK
Connecting to node 127.0.0.1:6385: OK
>>> Performing hash slots allocation on 6 nodes...
Using 3 masters:
127.0.0.1:6380
127.0.0.1:6381
127.0.0.1:6382
Adding replica 127.0.0.1:6383 to 127.0.0.1:6380
Adding replica 127.0.0.1:6384 to 127.0.0.1:6381
Adding replica 127.0.0.1:6385 to 127.0.0.1:6382
M: d4f906940d68714db787a60837f57fa496de5d12 127.0.0.1:6380
   slots:0-5460 (5461 slots) master
M: b547d05c9d0e188993befec4ae5ccb430343fb4b 127.0.0.1:6381
   slots:5461-10922 (5462 slots) master
M: 887fe91bf218f203194403807e0aee941e985286 127.0.0.1:6382
   slots:10923-16383 (5461 slots) master
S: e0f6559be7a121498fae80d44bf18027619d9995 127.0.0.1:6383
   replicates d4f906940d68714db787a60837f57fa496de5d12
```

```
S: a61dbf654c9d9a4d45efd425350ebf720a6660fc 127.0.0.1:6384
   replicates b547d05c9d0e188993befec4ae5ccb430343fb4b
S: 551e5094789035affc489db267c8519c3a29f35d 127.0.0.1:6385
   replicates 887fe91bf218f203194403807e0aee941e985286
Can I set the above configuration? (type 'yes' to accept):
```

内容包括集群具体的分配方案，如果觉得没问题，则输入 yes 来开始创建。下面根据上面的输出详细介绍集群创建的过程。

首先，redis-trib.rb 会以客户端的形式尝试连接所有的节点，并发送 PING 命令以确定节点能够正常服务。如果有任何节点无法连接，则创建失败，同时发送 INFO 命令获取每个节点的运行 ID 以及是否开启了集群功能（即 cluster_enabled 为 1）。

准备就绪后，集群会向每个节点发送 CLUSTER MEET 命令，格式为 CLUSTER MEET *ip port*，这条命令用来告诉当前节点指定 *ip* 和 *port* 上正在运行的节点也是集群的一部分，从而使得 6 个节点最终可以归入一个集群。这一过程会在 8.3.2 节具体介绍。

然后 redis-trib.rb 会分配主从数据库节点，分配的原则是尽量保证每个主数据库运行在不同的 IP 地址上，同时每个从数据库和主数据库均不运行在同一 IP 地址上，以保证系统的容灾能力。分配结果如下：

```
Using 3 masters:
127.0.0.1:6380
127.0.0.1:6381
127.0.0.1:6382
Adding replica 127.0.0.1:6383 to 127.0.0.1:6380
Adding replica 127.0.0.1:6384 to 127.0.0.1:6381
Adding replica 127.0.0.1:6385 to 127.0.0.1:6382
```

其中，主数据库是 6380、6381 和 6382 端口上的节点（以下使用端口号来指代节点），6383 是 6380 的从数据库，6384 是 6381 的从数据库，6385 是 6382 的从数据库。

分配完成后，会为每个主数据库分配插槽，分配插槽的过程其实就是分配哪些键由哪些节点负责，这部分会在 8.3.3 节介绍。之后对每个要成为子数据库的节点发送 CLUSTER REPLICATE 主数据库的运行 ID，将当前节点转换成从数据库并复制指定运行 ID 的节点（主数据库）。

此时，整个集群创建完成，使用 Redis 命令行客户端连接任意一个节点执行 CLUSTER NODES 可以获得集群中所有节点的信息，例如在 6380 执行：

```
redis 6380> CLUSTER NODES
551e5094789035affc489db267c8519c3a29f35d 127.0.0.1:6385 slave
887fe91bf218f203194403807e0aee941e985286 0 1424677377448 6 connected
e0f6559be7a121498fae80d44bf18027619d9995 127.0.0.1:6383 slave
d4f906940d68714db787a60837f57fa496de5d12 0 1424677381593 4 connected
b547d05c9d0e188993befec4ae5ccb430343fb4b 127.0.0.1:6381 master - 0 1424677379515 2
connected 5461-10922
d4f906940d68714db787a60837f57fa496de5d12 127.0.0.1:6380 myself,master - 0 0 1
connected 0-5460
```

```
a61dbf654c9d9a4d45efd425350ebf720a6660fc 127.0.0.1:6384 slave
b547d05c9d0e188993befec4ae5ccb430343fb4b 0 1424677378481 5 connected
887fe91bf218f203194403807e0aee941e985286 127.0.0.1:6382 master - 0 1424677380554 3
connected 10923-16383
```

从上面的输出中可以看到所有节点的运行 ID、IP 地址和端口号、角色、状态以及所负责的插槽等信息，后面会进行解读。

redis-trib.rb 是一个非常好用的辅助工具，其本质是通过执行 Redis 命令来实现集群管理的任务。读者如果有兴趣可以尝试不借助 redis-trib.rb，手动建立一次集群。

8.3.2 节点的增加

前面介绍过 redis-trib.rb 是使用 CLUSTER MEET 命令来使每个节点认识集群中的其他节点的，可想而知，如果想要向集群中加入新的节点，也需要使用 CLUSTER MEET 命令实现。加入新节点非常简单，只需要向新节点（以下记作 A）发送如下命令：

CLUSTER MEET *ip port*

ip 和 *port* 是集群中任意一个节点的 IP 地址和端口号，A 接收到客户端发来的命令后，会与该 IP 地址和端口号的节点 B 进行握手，使 B 将 A 认作当前集群中的一员。当 B 与 A 握手成功后，B 会使用 Gossip 协议[①]将节点 A 的信息通知给集群中的每一个节点。通过这一方式，即使集群中有多个节点，也只需要选择 MEET 其中任意一个节点，即可使新节点最终加入整个集群中。

8.3.3 插槽的分配

新的节点加入集群后有两种选择，要么使用 CLUSTER REPLICATE 命令复制每个主数据库来以从数据库的形式运行，要么向集群申请分配插槽（slot）来以主数据库的形式运行。

在一个集群中，所有的键会被分配给 16384 个插槽，而每个主数据库会负责处理其中的一部分插槽。现在再回过头来看 8.3.1 节创建集群时的输出：

```
M: d4f906940d68714db787a60837f57fa496de5d12 127.0.0.1:6380
   slots:0-5460 (5461 slots) master
M: b547d05c9d0e188993befec4ae5ccb430343fb4b 127.0.0.1:6381
   slots:5461-10922 (5462 slots) master
M: 887fe91bf218f203194403807e0aee941e985286 127.0.0.1:6382
   slots:10923-16383 (5461 slots) master
```

上面的每一行表示一个主数据库的信息，其中可以看到 6380 负责处理 0～5460 这 5461 个

---

① Gossip 是分布式系统中常用的一种通信协议，感兴趣的读者可以自行查阅相关资料查看具体信息。

插槽，6381 负责处理 5461～10922 这 5462 个插槽，6382 则负责处理 10923～16383 这 5461 个插槽。虽然 redis-trib.rb 初始化集群时分配给每个节点的插槽都是连续的，但是实际上 Redis 并没有此限制，可以将任意几个插槽分配给任意节点负责。

在介绍如何将插槽分配给指定的节点前，先来介绍键与插槽的对应关系。Redis 将每个键的键名的有效部分使用 CRC16 算法计算出哈希值，然后取对 16384 的余数。这样使得每个键都可以分配到 16384 个插槽中，进而分配到指定的一个节点中处理。CRC16 的具体实现参见附录 C。这里键名的有效部分是指：

（1）如果键名包含{符号，且在{符号后面存在}符号，并且{和}之间至少一个字符，则有效部分是指{和}之间的内容；

（2）如果不满足上一条规则，那么整个键名为有效部分。

例如，键 hello.world 的有效部分为"hello.world"，键{user102}:last.name 的有效部分为"user102"。如本节引言所说，如果命令涉及多个键（如 MGET），只有当所有键都位于同一个节点时 Redis 才能正常支持。利用键的分配规则，可以将所有相关的键的有效部分设置成同样的值使得相关键都能分配到同一个节点以支持多键操作。例如，{user102}:first.name 和{user102}:last.name 会被分配到同一个节点，所以可以使用 MGET {user102}:first.name {user102}:last.name 来同时获取两个键的值。

介绍完键与插槽的对应关系后，接下来再来介绍如何将插槽分配给指定节点。插槽的分配分为如下几种情况。

（1）插槽之前没有被分配过，现在想分配给指定节点。

（2）插槽之前被分配过，现在想迁移到指定节点。

其中，第一种情况使用 CLUSTER ADD SLOT S 命令来实现，redis-trib.rb 也是通过该命令在创建集群时为新节点分配插槽的。CLUSTER ADDSLOTS 命令的用法为：

```
CLUSTER ADDSLOTS slot1 [slot2] ... [slotN]
```

例如想将 100 和 101 两个插槽分配给某个节点，只需要在该节点执行：CLUSTER ADDSLOTS 100 101。如果指定插槽已经分配过了，则会提示：

```
 (error) ERR Slot 100 is already busy
```

可以通过命令 CLUSTER SLOTS 来查看插槽的分配情况，例如：

```
redis 6380> CLUSTER SLOTS
1) 1) (integer) 5461
   2) (integer) 10922
   3) 1) "127.0.0.1"
      2) (integer) 6381
   4) 1) "127.0.0.1"
      2) (integer) 6384
2) 1) (integer) 0
   2) (integer) 5460
   3) 1) "127.0.0.1"
```

```
      2) (integer) 6380
   4) 1) "127.0.0.1"
      2) (integer) 6383
3) 1) (integer) 10923
   2) (integer) 16383
   3) 1) "127.0.0.1"
      2) (integer) 6382
   4) 1) "127.0.0.1"
      2) (integer) 6385
```

其中，返回结果的格式很容易理解，一共 3 条记录，每条记录的前两个值表示插槽的开始号码和结束号码，后面的值则为负责该插槽的节点，包括主数据库和所有的从数据库，主数据库始终在第一位。

对于第二种情况，处理起来就相对复杂一些，不过 redis-trib.rb 提供了比较方便的方式来对插槽进行迁移。我们首先使用 redis-trib.rb 将一个插槽从 6380 迁移到 6381，然后介绍如何不使用 redis-trib.rb 来完成迁移。

首先执行如下命令：

```
$ /path/to/redis-trib.rb reshard 127.0.0.1:6380
```

其中，reshard 表示告诉 redis-trib.rb 要重新分片，127.0.0.1:6380 是集群中的任意一个节点的 IP 地址和端口号，redis-trib.rb 会自动获取集群信息。接下来，redis-trib.rb 将会询问具体如何进行重新分片，首先会询问想要迁移多少个插槽：

```
How many slots do you want to move (from 1 to 16384)?
```

我们只需要迁移一个，所以输入 1 后按回车键。接下来 redis-trib.rb 会询问要把插槽迁移到哪个节点：

```
What is the receiving node ID?
```

可以通过 CLUSTER NODES 命令获取 6381 的运行 ID，这里是 b547d05c9d0e188993befec4ae5ccb430343fb4b，输入并按回车键。接着最后一步是询问从哪个节点迁移插槽：

```
Please enter all the source node IDs.
  Type 'all' to use all the nodes as source nodes for the hash slots.
  Type 'done' once you entered all the source nodes IDs.
Source node #1:all
```

我们输入 6380 对应的运行 ID，按回车键，然后输入 done，再按回车键确认即可。

接下来输入 yes 来确认重新分片方案，重新分片即告成功。使用 CLUSTER SLOTS 命令获取当前插槽的分配情况如下：

```
redis 6380> CLUSTER SLOTS
1) 1) (integer) 1
   2) (integer) 5460
   3) 1) "127.0.0.1"
      2) (integer) 6380
```

```
    4) 1) "127.0.0.1"
       2) (integer) 6383
 2) 1) (integer) 10923
    2) (integer) 16383
    3) 1) "127.0.0.1"
       2) (integer) 6382
    4) 1) "127.0.0.1"
       2) (integer) 6385
 3) 1) (integer) 0
    2) (integer) 0
    3) 1) "127.0.0.1"
       2) (integer) 6381
    4) 1) "127.0.0.1"
       2) (integer) 6384
 4) 1) (integer) 5461
    2) (integer) 10922
    3) 1) "127.0.0.1"
       2) (integer) 6381
    4) 1) "127.0.0.1"
       2) (integer) 6384
```

可以看到现在比之前多了一条记录，0 号插槽已经由 6381 负责，此时重新分片成功。

那么 redis-trib.rb 实现重新分片的原理是什么，我们如何不借助 redis-trib.rb 手动进行重新分片呢？使用如下命令即可：

CLUSTER SETSLOT 插槽号 NODE 新节点的运行 ID

如想要把 0 号插槽迁移回 6380：

```
redis 6381> CLUSTER SETSLOT 0 NODE d4f906940d68714db787a60837f57fa496de5d12
OK
```

此时重新使用 CLUSTER SLOTS 查看插槽的分配情况，可以看到已经恢复如初了。然而，这样迁移插槽的前提是插槽中并没有任何键，因为使用 CLUSTER SETSLOT 命令迁移插槽时并不会连同相应的键一起迁移，这就导致客户端在指定节点无法找到未迁移的键，这些键对客户端来说"丢失了"（8.3.4 节会介绍客户端如果找到对应键的负责节点）。为此需要手动获取插槽中存在哪些键，然后将每个键迁移到新的节点中。

手动获取某个插槽存在哪些键的方法是：

CLUSTER GETKEYSINSLOT 插槽号 要返回的键的数量

之后对每个键，使用 MIGRATE 命令将其迁移到目标节点：

MIGRATE 目标节点地址 目标节点端口 键名 数据库号码 超时时间 [COPY] [REPLACE]

其中，COPY 选项表示不将键从当前数据库中删除，而是复制一份副本。REPLACE 选项表示如果目标节点存在同名键，则覆盖。因为集群模式只能使用 0 号数据库，所以数据库号码始终为 0。例如把键 abc 从当前节点（如 6381）迁移到 6380：

```
redis 6381> MIGRATE 127.0.0.1 6380 abc 0 15999 REPLACE
```

　　至此，我们已经知道如何将插槽委派给其他节点，并同时将当前节点中插槽下所有的键迁移到目标节点中。然而还有最后一个问题，如果要迁移的数据量比较大，整个过程会花费较长时间，那么究竟在什么时候执行 CLUSTER SETSLOT 命令来完成插槽的交接呢？如果在键迁移未完成时执行，那么客户端就会尝试在新的节点读取键值，此时还没有迁移完成，自然有可能读取不到键值，从而造成相关键的临时"丢失"。相反，如果在键迁移完成后再执行，那么在迁移时客户端会在旧的节点读取键值，然后有些键已经迁移到新的节点上了，同样也会造成键的临时"丢失"。那么，redis-trib.rb 工具是如何解决这个问题的呢？

　　Redis 提供了如下两条命令来实现在集群不下线的情况下迁移数据：

```
CLUSTER SETSLOT 插槽号 MIGRATING 新节点的运行 ID
CLUSTER SETSLOT 插槽号 IMPORTING 原节点的运行 ID
```

　　进行迁移时，假设要把 0 号插槽从 A 迁移到 B，此时 redis-trib.rb 会依次执行如下操作。

（1）在 B 执行 CLUSTER SETSLOT 0 IMPORTING A。

（2）在 A 执行 CLUSTER SETSLOT 0 MIGRATING B。

（3）执行 CLUSTER GETKEYSINSLOT 0 获取 0 号插槽的键列表。

（4）对第 3 步获取的每个键执行 MIGRATE 命令，将其从 A 迁移到 B。

（5）执行 CLUSTER SETSLOT 0 NODE B 来完成迁移。

　　从上面的步骤来看，redis-trib.rb 多了（1）和（2）两个步骤，这两个步骤就是为了解决迁移过程中键的临时"丢失"问题。首先执行完前两步后，当客户端向 A 请求插槽 0 中的键时，如果键存在（即尚未被迁移），则正常处理，如果不存在，则返回一个 ASK 跳转请求，告诉客户端这个键在 B 里，如图 8-6 所示。客户端接收到 ASK 跳转请求后，首先向 B 发送 ASKING 命令，然后重新发送之前的命令。相反，当客户端向 B 请求插槽 0 中的键时，如果前面执行了 ASKING 命令，则返回键值内容，否则返回 MOVED 跳转请求（会在 8.3.4 节介绍），如图 8-7 所示。这样一来客户端只要能够处理 ASK 跳转，就可以在数据库迁移时自动从正确的节点读取到相应的键值，避免了键在迁移过程中临时"丢失"的问题。

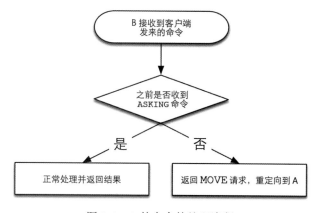

图 8-6　A 的命令的处理流程

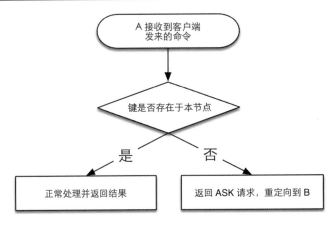

图 8-7 B 的命令处理流程

8.3.4 获取与插槽对应的节点

8.3.3 节介绍了插槽的分配方式，对于指定的键，可以根据前面所述的算法来计算其属于哪个插槽，但是如何获取某一个键是由哪个节点负责的呢？

实际上，当客户端向集群中的任意一个节点发送命令后，该节点会判断相应的键是否在当前节点中，如果键在该节点中，就会像单机实例一样正常处理该命令；如果键不在该节点中，就会返回一个 MOVE 重定向请求，告诉客户端这个键目前由哪个节点负责，然后客户端将同样的请求向目标节点重新发送一次以获得结果。

一些编程语言的 Redis 库支持代理 MOVE 请求，所以对开发者而言命令重定向的过程是透明的，使用集群与使用单机实例并没有什么不同。然而，也有些编程语言的 Redis 库并不支持集群，此时就需要在客户端编码处理了。

还是以上面的集群配置为例，键 foo 实际应该由 6382 节点负责，如果尝试在 6380 节点执行与键 foo 相关的命令，就会有如下输出：

```
redis 6380> SET foo bar
(error) MOVED 12182 127.0.0.1:6382
```

返回的是一个 MOVE 重定向请求，12182 表示 foo 所属的插槽号，127.0.0.1:6382 则是负责该插槽的节点 IP 地址和端口号，客户端收到重定向请求后，应该将命令重新向 6382 节点发送一次：

```
redis 6382> SET foo bar
OK
```

Redis 命令行客户端提供了集群模式来支持自动重定向，使用-c 参数来启用：

```
$ redis-cli -c -p 6380
reds 6380> SET foo bar
```

```
-> Redirected to slot [12182] located at 127.0.0.1:6382
OK
```

可见加入了-c参数后，如果当前节点并不负责要处理的键，Redis命令行客户端会进行自动命令重定向。而这一过程正是每个支持集群的客户端应该实现的。

然而，相比单机实例，集群的命令重定向也增加了命令的请求次数，原先只需要执行一次的命令现在有可能需要依次发向两个节点，算上往返时延，可以说请求重定向对性能的还是有些影响的。

为了解决这一问题，当发现新的重定向请求时，客户端应该在重新向正确节点发送命令的同时，缓存插槽的路由信息，即记录下当前插槽是由哪个节点负责的。这样每次发送命令时，客户端首先计算相关键是属于哪个插槽的，然后根据缓存的路由判断插槽由哪个节点负责。考虑到插槽总数相对较少（16384个），缓存所有插槽的路由信息后，每次命令将均只发向正确的节点，从而达到和单机实例同样的性能。

8.3.5 故障恢复

在一个集群中，每个节点都会定期向其他节点发送 PING 命令，并通过有没有收到回复来判断目标节点是否已经下线了。具体来说，集群中的每个节点每隔 1 秒就会随机选择 5 个节点，然后选择其中最久没有响应的节点发送 PING 命令。

如果一定时间内目标节点没有响应回复，则发送 PING 命令的节点会认为目标节点疑似下线（PFAIL）。疑似下线可以与哨兵的主观下线类比，两者都表示某一节点**从自身的角度认为**目标节点处于下线的状态。与哨兵的模式类似，如果要使在整个集群中的所有节点都认为某一节点已经下线，需要一定数量的节点都认为该节点疑似下线，这一过程具体为：

（1）一旦节点 A 认为节点 B 处于疑似下线状态，就会在集群中传播该消息，其他所有节点收到消息后都会记录下这一信息；

（2）当集群中的某一节点 C 收集到半数以上的节点认为 B 处于疑似下线的状态时，就会将 B 标记为下线（FAIL），并且向集群中的其他节点传播该消息，从而使得 B 在整个集群中下线。

在集群中，当一个主数据库下线时，就会出现一部分插槽无法写入的问题。此时如果该主数据库拥有至少一个从数据库，集群就进行故障恢复操作来将其中一个从数据库转换成主数据库来保证集群的完整。选择哪个从数据库来作为主数据库的过程与在哨兵中选择领头哨兵的过程一样，都是基于 Raft 算法，过程如下。

（1）发现其复制的主数据库下线的从数据库（下面称作 A）向每个集群中的节点发送请求，要求对方选自己为主数据库。

（2）如果收到请求的节点没有选过其他节点，则会同意将 A 设置成主数据库。

（3）如果 A 发现有超过集群中节点总数一半的节点同意选自己为主数据库，则 A 成功成为主数据库。

（4）如果有多个从数据库节点同时参选主数据库，则会出现没有任何节点当选的可能。此时每个参选节点将等待一个随机时间重新发起参选请求，进行下一轮选举，直到选举成功。

当某个从数据库当选为主数据库后，会通过命令 SLAVEOF ON ONE 将自己转换成主数据库，并将旧的主数据库的插槽转换给自己负责。

如果一个至少负责一个插槽的主数据库下线且没有相应的从数据库可以进行故障恢复，则整个集群默认会进入下线状态无法继续工作。如果希望集群在这种情况下仍能正常工作，可以修改配置 cluster-require-full-coverage 为 no（默认为 yes）：

```
cluster-require-full-coverage no
```

第 9 章

管理

虽然小白的博客系统已经运行一段时间了，可是小白对如何管理 Redis 依然完全没有概念。例如，怎样给 Redis 设置密码，以防其他未经授权的客户端进行连接呢？又如，怎么能够知道哪些命令执行得比较慢呢？带着这些疑惑，小白再一次找到了宋老师。

本章将会讲解 Redis 的管理知识，包括安全和通信协议等内容，同时还会介绍一些第三方的 Redis 管理工具。

9.1 安全

Redis 的作者 Salvatore Sanfilippo 曾经发表过 Redis 宣言，其中提到 Redis 以简洁为美。同样在安全层面 Redis 也没有做太多的工作。

9.1.1 可信的环境

Redis 的安全设计是在 "Redis 运行在可信环境" 这个前提下做出的。在生产环境运行时，不允许外部直接连接到 Redis 服务器上，而应该通过应用程序进行中转，运行在可信的环境中是保证 Redis 安全的最重要方法。

Redis 的默认配置只会接收来自本地网络的请求，通过在配置文件中修改 bind 参数来更改这一设置。默认的 bind 配置[①]为：

```
bind 127.0.0.1
```

---

① 需要注意的是，Redis 3.2 之前的版本默认会绑定所有网络接口，即任何网络上的计算机（包括公网）都可以连接到 Redis 上。使用旧版的用户需要注意修改这个参数，并尽快升级到新版。

bind 参数也能够绑定多个 IP 地址，IP 地址间以空格分隔。如：

```
bind 192.168.1.100 10.0.0.1
```

Redis 3.2 引入了一个特殊模式——保护模式来更好地确保 Redis 运行在可信的环境中。保护模式默认是开启的，其作用是当接收到来自不在 bind 指明的网络的客户端发送的命令时，如果这个客户端没有设置过密码（见 9.1.2 节），Redis 会返回一个 DENIED 错误来拒绝执行该命令。如果想要禁止保护模式，可以使用在配置中使用 protected- mode no。但是对于生产环境下的 Redis，一定要注意确保 Redis 所在的服务器使用了外部防火墙，从而保证只有可信的客户端连入服务器。

9.1.2 数据库密码

Redis 还提供了数据库密码功能，并且在 6.0 版中还支持了多用户的权限控制功能。下面我们先从基础的数据库密码介绍。

数据库密码可以通过 requirepass 参数来设置一个密码。例如：

```
requirepass TAFK(@~!ji^XALQ(sYh5xIwTn5D$s7JF
```

客户端每次连接到 Redis 时都需要发送密码，否则 Redis 会拒绝执行客户端发来的命令。例如：

```
redis> GET foo
(error) NOAUTH Authentication required.
```

发送密码需要使用 AUTH 命令，就像这样：

```
redis> AUTH TAFK(@~!ji^XALQ(sYh5xIwTn5D$s7JF
OK
```

之后就可以执行任何命令了：

```
redis> GET foo
"1"
```

虽然数据库密码很方便，但是在复杂的使用场景中，经常需要进行更细粒度的访问权限控制。例如：

（1）生产环境中的应用程序不应该具有执行 CONFIG、FLUSHALL 这样涉及管理或者数据安全的命令的权限；

（2）多个程序因为不同用途共用一个 Redis 服务时，希望能限制某个程序访问其他程序产生的键。

为此，Redis 6.0 推出了访问控制列表（ACL）功能，可以支持多用户，并且设置每个用户可以使用的命令和能访问的键名规则等。ACL 也是可以通过配置文件来配置的，其中有两个选择：

（1）将 ACL 配置直接写在 Redis 配置文件中；

（2）将 ACL 配置写在单独的文件中，然后在 Redis 配置文件中通过 aclfile 指令来引用，如 aclfile /path/to/your/config.acl。

下面是一个配置示例：

```
user default off
user email-worker on +@stream ~jobs:email:* >mypassword
```

我们创建了两个用户，并为他们定义了规则。其中，第一个名为"default"的用户比较特殊，为了保证之前用户通过 requirepass 配置的密码可以正常使用，Redis 为"default"用户设置了 3 条特殊规则。

（1）该用户默认就会被创建（也就是说上面的配置实际上只"创建"了一个用户），并且具有全部权限（即 user default on nopass ~* +@all，具体规则会在下面介绍）。当设置 requirepass 指令时，实际上是为该用户设置密码。

（2）AUTH 命令支持传递两个参数，分别为用户名和密码。因为旧版本的 AUTH 命令只接收一个参数，即密码，所以为了保证兼容性，在新版本中传递一个参数的 AUTH 命令时，会被认为用户名为"default"。

（3）如果"default"用户没有设置密码（即默认配置），则没有通过 AUTH 命令认证自己的客户端都被认为是"default"用户。

每条规则都是由几个部分组成的，其中最开始的两个分别为"user"指令名和要配置的用户名。接下来就是具体的指令内容，可以为以下指令。

（1）on 或 off，代表是否启用该用户。

（2）+@category，表示允许使用某一类的命令。例如允许 email-worker 用户使用流相关的命令。所有可用的类别列表可以使用 ACL CAT 命令获得。另外，也可以使用 +command 或 -command 来增加或删除某条命令的使用权限，如允许使用 LPUSH 命令可以使用 +lpush。如果想只增加某条命令的子命令的权限，但是不开启该命令的所有权限，则可以使用 | 符号，如 +acl|cat 意为只允许 ACL CAT 命令，但是不允许其他 ACL 命令，如 ACL LIST。最后，+@all 表示允许访问所有命令，这也是"default"用户的默认配置。

（3）~jobs:email:*，表示允许访问的键名。其中，~后面的内容为键名的规则，这条规则和 KEYS 命令所支持的规则相同。这里 jobs:email:* 表示所有以"jobs:email:"开头的键。"default"用户的默认规则为 ~*，即允许访问所有键。

（4）>password，表示设置该用户的密码为"password"。此外也可以使用 # 代替 > 符号来提供密码的 SHA-256 哈希后的结果。nopass（不带前面的 > 符号）表示不设置密码，这也是"default"用户默认的配置。

由于 Redis 的性能极高，并且输入错误密码后 Redis 并不会进行主动延迟（考虑到 Redis 的单线程模型），攻击者可以通过穷举法破解 Redis 的密码（1 秒内能够尝试十几万个密码），因此在设置时一定要选择复杂的密码。Redis 为此提供了 ACL GENPASS 命令来生成一个随机密码：

```
redis> ACL GENPASS
"ef5d775c6838f6fb9d9a088b11c57f0887a8d6ce3bc9502569ca7634faf675ff"
```

> **提示** 在配置 Redis 复制的时候，如果主数据库设置了密码，需要在从数据库的配置文件中通过 masterauth 参数设置主数据库的密码，以使从数据库连接主数据库时自动使用 AUTH 命令认证。

9.1.3 命名命令

Redis 支持在配置文件中将命令重命名，例如将 FLUSHALL 命令重命名为一个比较复杂的名字，以保证只有自己的应用可以使用该命令。这个功能可以看作 6.0 之前版本中没有 ACL 功能的情况下对命令安全性的一个简单的补充。就像这样：

```
rename-command FLUSHALL oyfekmjvmwxq5a9c8usofuo369x0it2k
```

如果希望直接禁用某条命令，可以将命令重命名为空字符串：

```
rename-command FLUSHALL ""
```

> **注意** 无论设置密码还是重命名命令，都需要保证配置文件的安全性，否则就没有任何意义了。

9.2 通信协议

Redis 通信协议是 Redis 客户端与 Redis 之间交流的语言，通信协议规定了命令和返回值的格式。了解 Redis 通信协议后不仅可以理解 AOF 文件的格式和主从复制时主数据库向从数据库发送的内容等，还可以开发自己的 Redis 客户端（不过由于几乎所有常用的编程语言都有相应的 Redis 客户端，因此需要使用通信协议直接和 Redis 打交道的机会确实不多）。

Redis 支持两种通信协议，一种是二进制安全的统一请求协议（unified request protocol），另一种是比较直观的便于在 telnet 程序中输入的简单协议。这两种协议只是命令的格式有区别，命令返回值的格式是一样的。

9.2.1 简单协议

简单协议适合在 telnet 程序中和 Redis 通信。简单协议的命令格式就是将命令和各个参数使用空格分隔开，如"EXISTS foo""SET foo bar"等。由于 Redis 解析简单协议时只是简单地以空格分隔参数，因此无法输入二进制字符。我们可以通过 telnet 程序测试：

```
$ telnet 127.0.0.1 6379
Trying 127.0.0.1...
Connected to localhost.
Escape character is '^]'.
SET foo bar
+OK
GET foo
$3
bar
LPUSH plist 1 2 3
:3
LRANGE plist 0 -1
*3
$1
3
$1
2
$1
1
ERRORCOMMAND
-ERR unknown command 'ERRORCOMMAND'
```

> **提示** Redis 2.4 前的版本对于某些命令可以使用类似于简单协议的特殊方式输入二进制安全的参数，例如：
>
> ```
> C: SET foo 3
> C: bar
> S: +OK
> ```
>
> 其中，C:表示客户端发出的内容，S:表示服务端发出的内容。第一行的最后一个参数表示字符串的长度，第二行是字符串的实际内容，因为指定了长度，所以第二行的字符串可以包含二进制字符。但是这个协议已经废弃，被新的统一请求协议取代。"统一"二字指的所有的命令使用同样的请求方式而不再为某些命令使用特殊方式，如果需要在参数中包含二进制字符应该使用 9.2.2 节介绍的统一请求协议。

我们在 telnet 程序中输入的 5 条命令恰好展示了 Redis 的 5 种返回值类型的格式，2.3.2 节介绍了这 5 种返回值类型在 redis-cli 中的展现形式，这些展现形式是经过 redis-cli 封装的，而上面的内容才是 Redis 真正返回的格式。下面分别介绍。

1. 错误回复

错误回复（error reply）以-开头，并在后面跟上错误信息，最后以\r\n 结尾：

```
-ERR unknown command 'ERRORCOMMAND'\r\n
```

2. 状态回复

状态回复（status reply）以+开头，并在后面跟上状态信息，最后以\r\n 结尾：

```
+OK\r\n
```

3. 整数回复

整数回复（integer reply）以:开头，并在后面跟上数字，最后以\r\n 结尾：

```
:3\r\n
```

4. 字符串回复

字符串回复（bulk reply）以$开头，并在后面跟上字符串的长度，并以\r\n 分隔，接着是字符串的内容和\r\n：

```
$3\r\nbar\r\n
```

如果返回值是空结果 nil，则会返回$-1 以和空字符串相区别。

5. 多行字符串回复

多行字符串回复（multi-bulk reply）以*开头，并在后面跟上字符串回复的组数，并以\r\n 分隔。接着后面跟的就是字符串回复的具体内容了：

```
*3\r\n$1\r\n3\r\n$1\r\n2\r\n$1\r\n1\r\n
```

9.2.2　统一请求协议

统一请求协议是从 Redis 1.2 开始加入的，其命令格式和多行字符串回复的格式很类似，例如 SET foo bar 的统一请求协议的写法是*3\r\n$3\r\nSET\r\n$3\r\nfoo\r\n$3\r\nbar\r\n。还是使用 telnet 进行演示：

```
$ telnet 127.0.0.1 6379
Trying 127.0.0.1...
Connected to localhost.
Escape character is '^]'.
*3
$3
SET
$3
foo
$3
```

```
bar
+OK
```

同样，发送命令时指定了后面字符串的长度，所以命令的每个参数都可以包含二进制的字符。统一请求协议的返回值格式和简单协议一样，这里不再赘述。

Redis 的 AOF 文件和主从复制时主数据库向从数据库发送的内容都使用了统一请求协议。如果要开发一个和 Redis 直接通信的客户端，推荐使用此协议。如果只是想通过 telnet 向 Redis 服务器发送命令则使用简单协议就可以了。

9.3 管理工具

工欲善其事，必先利其器。在使用 Redis 的时候如果能够有效利用 Redis 的各种管理工具，将会大大方便开发和管理。

9.3.1 redis-cli

相信读者对 redis-cli 已经很熟悉了，作为 Redis 自带的命令行客户端，你可以从任何安装有 Redis 的服务器中找到它。因此对管理 Redis 而言，redis-cli 是最简单实用的工具。

redis-cli 可以执行大部分的 Redis 命令，包括查看数据库信息的 INFO 命令、更改数据库设置的 CONFIG 命令和强制进行 RDB 快照的 SAVE 命令等。下面介绍几个管理 Redis 时非常有用的命令。

1. 耗时命令日志

当一条命令执行时间超过限制时，Redis 会将该命令的执行时间等信息加入耗时命令日志（slow log）以供开发者查看。可以通过配置文件的 slowlog-log-slower-than 参数设置这一限制，要注意单位是微秒（1 000000 微秒相当于 1 秒），默认值是 10000。耗时命令日志存储在内存中，可以通过配置文件的 slowlog-max-len 参数来限制记录的条数。

使用 SLOWLOG GET 命令来获得当前的耗时命令日志，例如：

```
redis> SLOWLOG GET
1) 1) (integer) 4
   2) (integer) 1356806413
   3) (integer) 58
   4) 1) "get"
      2) "foo"
2) 1) (integer) 3
   2) (integer) 1356806408
   3) (integer) 34
   4) 1) "set"
```

```
2) "foo"
3) "bar"
```

每条日志都由以下 4 个部分组成：

（1）该日志唯一 ID；

（2）该命令执行的 Unix 时间；

（3）该命令的耗时时间，单位是微秒；

（4）命令及其参数。

> **提示** 为了产生一些耗时命令日志作为演示，这里将 `slowlog-log-slower-than` 参数值设置为 0，即记录所有命令。如果设置为负数则会关闭耗时命令日志。

2. 命令监控

Redis 提供了 MONITOR 命令来监控 Redis 执行的所有命令，redis-cli 同样支持这条命令，例如在 redis-cli 中执行 MONITOR：

```
redis> MONITOR
OK
```

此时 Redis 执行的任何命令都会在 redis-cli 中打印出来，例如我们打开另一个 redis-cli 执行 SET foo bar 命令，在之前的 redis-cli 中会输出如下内容：

```
1356806981.885237 [0 127.0.0.1:57339] "SET" "foo" "bar
```

执行 MONITOR 命令非常影响 Redis 的性能，一个客户端使用 MONITOR 命令会降低 Redis 将近一半的负载能力。所以 MONITOR 命令只适合用来调试和纠错。

> **补充知识** Instagram[1]团队开发了一个基于 MONITOR 命令的 Redis 查询分析程序 redis-faina。redis-faina 可以根据 MONITOR 命令的监控结果分析出最常用的命令、访问最频繁的键等信息，对了解 Redis 的使用情况帮助很大。
> 直接下载 GitHub 官网上 redis-faina 项目的 redis-faina.py 文件即可使用。
> redis-faina.py 的输入值为一段时间的 MONITOR 命令执行结果。例如：
> ```
> redis-cli MONITOR | head -n <要分析的命令数> | ./redis-faina.py
> ```

9.3.2 Medis

当 Redis 中的键较多时，使用 redis-cli 管理数据并不是很方便。Medis 是一款 macOS

---

[1] Instagram 是 Facebook 旗下的图片分享社区。

系统下的可视化 Redis 管理工具，通过界面操作即可实现管理 Redis。

1. 安装 Medis

因为是一个应用程序，Medis 的安装方法十分简便，只需要到 Medis 官网上下载或者在 App Store 上搜索 Medis。

2. 配置数据库连接

在初始界面点击右上角的 "+" 按钮即可打开如图 9-1 所示的创建连接的对话框，在其中可以填写 Redis 的地址信息。此外 Medis 也支持通过 SSH 中转代理访问位于内网的 Redis 服务器。

图 9-1　Medis 创建连接界面

3. 使用 Medis

如图 9-2 所示，Medis 主界面分为左右两个部分，左边是键列表，右边是键的内容。左右两侧可以通过右键菜单和按钮对键进行增删改查等操作。

4. 其他操作系统的替代

Medis 是 macOS 独有的，如果需要在 Windows 或者 Linux 操作系统管理 Redis 的话，可以使用 RDM 软件。

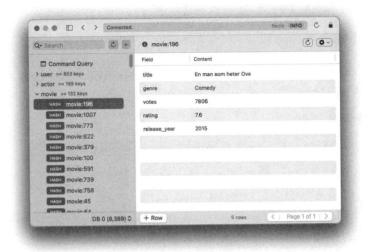

图 9-2 Medis 主界面

9.3.3 phpRedisAdmin

当 Redis 中的键较多时，使用 redis-cli 管理数据并不是很方便，就如同管理 MySQL 时有人喜欢使用 phpMyAdmin 一样，Redis 同样有一个 PHP 开发的网页端管理工具 phpRedisAdmin。phpRedisAdmin 支持以树形结构查看键列表，编辑键值，导入/导出数据库数据，查看数据库信息和查看键信息等功能。

1. 安装 phpRedisAdmin

安装 phpRedisAdmin 的方法如下：

```
git clone https://github.com/ErikDubbelboer/phpRedisAdmin.git
cd phpRedisAdmin
```

phpRedisAdmin 依赖 PHP 的 Redis 客户端 Predis，所以还需要执行下面两条命令下载 Predis：

```
git submodule init
git submodule update
```

2. 配置数据库连接

下载完 phpRedisAdmin 后需要配置 Redis 的连接信息。默认 phpRedisAdmin 会连接到 127.0.0.1，端口 6379，如果需要更改或者添加数据库信息，可以编辑 includes 文件夹中的 config.inc.php 文件。

3. 使用 phpRedisAdmin

安装 PHP 和 Web 服务器（如 Nginx），并将 phpRedisAdmin 文件夹存放到网站目录中即可访问，如图 9-3 所示。

图 9-3 phpRedisAdmin 界面

phpRedisAdmin 自动将 Redis 的键以 ":" 分隔并用树形结构展示出来，十分直观。如 post:1 和 post:2 两个键都在 post 树中。

点击一个键后可以查看键的信息，包括键的类型、生存时间及键值，并且可以很方便地编辑，如图 9-4 所示。

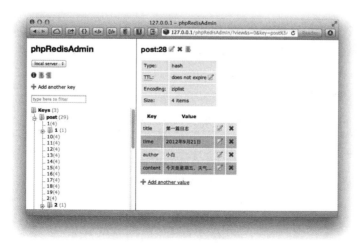

图 9-4 查看键信息

9.3.4 Rdbtools

Rdbtools 是一个 Redis 的快照文件解析器，它可以根据快照文件导出 JSON 数据文件、分析 Redis 中每个键的占用空间情况等。Rdbtools 是使用 Python 开发的。

1. 安装 Rdbtools

使用如下命令安装 Rdbtools：

```
git clone https://github.com/sripathikrishnan/redis-rdb-tools
cd redis-rdb-tools
sudo python setup.py install
```

2. 生成快照文件

如果没有启用 RDB 持久化，可以使用 SAVE 命令手动使 Redis 生成快照文件。

3. 将快照导出为 JSON 格式

快照文件是二进制格式，不方便查看，可以使用 Rdbtools 来将其导出为 JSON 格式，命令如下：

```
rdb --command json /path/to/dump.rdb > output_filename.json
```

其中，/path/to/dump.rdb 是快照文件的路径，output_filename.json 为要导出的文件路径。

4. 生成空间使用情况报告

Rdbtools 能够将快照文件中记录的每个键的存储情况导出为 CSV 文件，可以将该 CSV 文件导入 Excel 等数据分析工具中分析来了解 Redis 的使用情况。命令如下：

```
rdb -c memory /path/to/dump.rdb > output_filename.csv
```

导出的 CSV 文件的字段及其说明如表 9-1 所示。

表 9-1　Rdbtools 导出的 CSV 文件字段及其说明

字　　段	说　　明
database	存储该键的数据库索引
type	键类型（使用 TYPE 命令获得）
key	键名
size_in_bytes	键大小（字节）
encoding	内部编码（使用 OBJECTENCODING 命令获得）
num_elements	键的元素数
len_largest_element	最大元素的长度

附录 A

Redis 命令属性

Redis 的不同命令拥有不同的属性，例如是否是只读命令，是否是管理员命令等，一条命令可以拥有多个属性。在一些特殊情况下，不同属性的命令会有不同的表现，下面来逐一介绍。

A.1 REDIS_CMD_WRITE

拥有 REDIS_CMD_WRITE 属性的命令的表现是会修改 Redis 数据库的数据。一个只读的从数据库会拒绝执行拥有 REDIS_CMD_WRITE 属性的命令；另外，在 Lua 脚本中执行了拥有 REDIS_CMD_RANDOM 属性（见 A.4 节）的命令后，不可以再执行拥有 REDIS_CMD_WRITE 属性的命令，否则会提示错误："Write commands not allowed after non deterministic commands."。

拥有 REDIS_CMD_WRITE 属性的命令如下：

```
SET
SETNX
SETEX
PSETEX
APPEND
DEL
SETBIT
SETRANGE
INCR
DECR
RPUSH
LPUSH
RPUSHX
```

```
LPUSHX
LINSERT
RPOP
LPOP
BRPOP
BRPOPLPUSH
BLPOP
LSET
LTRIM
LREM
RPOPLPUSH
SADD
SREM
SMOVE
SPOP
SINTERSTORE
SUNIONSTORE
SDIFFSTORE
ZADD
ZINCRBY
ZREM
ZREMRANGEBYSCORE
ZREMRANGEBYRANK
ZUNIONSTORE
ZINTERSTORE
HSET
HSETNX
HMSET
HINCRBY
HINCRBYFLOAT
HDEL
INCRBY
DECRBY
INCRBYFLOAT
GETSET
MSET
MSETNX
MOVE
RENAME
RENAMENX
EXPIRE
EXPIREAT
PEXPIRE
PEXPIREAT
FLUSHDB
FLUSHALL
SORT
PERSIST
RESTORE
```

```
MIGRATE
BITOP
```

A.2 REDIS_CMD_DENYOOM

拥有 REDIS_CMD_DENYOOM 属性的命令有可能增加 Redis 占用的存储空间，显然拥有该属性的命令都拥有 REDIS_CMD_WRITE 属性，但反之则不然。例如，DEL 命令拥有 REDIS_CMD_WRITE 属性，但其总会减少数据库的占用空间，所以不拥有 REDIS_CMD_DENYOOM 属性。

当数据库占用的空间达到了配置文件中 maxmemory 参数指定的值且根据 maxmemory-policy 参数的空间释放规则无法释放空间时，Redis 会拒绝执行拥有 REDIS_CMD_DENYOOM 属性的命令。

> **提示** 每次调用拥有 REDIS_CMD_DENYOOM 属性的命令时，不一定都会使数据库的占用空间增大，只是有可能而已。例如，当新值长度小于旧值时，调用 SET 命令反而会减小数据库的占用空间。但无论如何，当数据库占用空间超过限制时，Redis 都会拒绝执行拥有 REDIS_CMD_DENYOOM 属性的命令，而不会分析其实际上是不是会真的增大占用空间。

拥有 REDIS_CMD_DENYOOM 属性的命令如下：

```
SET
SETNX
SETEX
PSETEX
APPEND
SETBIT
SETRANGE
INCR
DECR
RPUSH
LPUSH
RPUSHX
LPUSHX
LINSERT
BRPOPLPUSH
LSET
RPOPLPUSH
SADD
SINTERSTORE
SUNIONSTORE
```

```
SDIFFSTORE
ZADD
ZINCRBY
ZUNIONSTORE
ZINTERSTORE
HSET
HSETNX
HMSET
HINCRBY
HINCRBYFLOAT
INCRBY
DECRBY
INCRBYFLOAT
GETSET
MSET
MSETNX
SORT
RESTORE
BITOP
```

A.3 REDIS_CMD_NOSCRIPT

拥有 REDIS_CMD_NOSCRIPT 属性的命令无法在 Redis 脚本中执行。

> **提示** EVAL 和 EVALSHA 命令也拥有该属性,所以在脚本中无法调用这两条命令,即
> 不能在脚本中调用脚本。

拥有 REDIS_CMD_NOSCRIPT 属性的命令如下:

```
BRPOP
BRPOPLPUSH
BLPOP
SPOP
AUTH
SAVE
MULTI
EXEC
DISCARD
SYNC
REPLCONF
MONITOR
SLAVEOF
DEBUG
SUBSCRIBE
UNSUBSCRIBE
```

```
PSUBSCRIBE
PUNSUBSCRIBE
WATCH
UNWATCH
EVAL
EVALSHA
SCRIPT
```

A.4 REDIS_CMD_RANDOM

当一个脚本执行了拥有 REDIS_CMD_RANDOM 属性的命令后，就不能执行拥有 REDIS_CMD_WRITE 属性的命令了（见 6.4.2 节）。

拥有 REDIS_CMD_RANDOM 属性的命令如下：

```
SPOP
SRANDMEMBER
RANDOMKEY
TIME
```

A.5 REDIS_CMD_SORT_FOR_SCRIPT

拥有 REDIS_CMD_SORT_FOR_SCRIPT 属性的命令会产生随机结果，在脚本中调用这些命令时 Redis 会对结果进行排序。

拥有 REDIS_CMD_SORT_FOR_SCRIPT 属性的命令如下：

```
SINTER
SUNION
SDIFF
SMEMBERS
HKEYS
HVALS
KEYS
```

A.6 REDIS_CMD_LOADING

当 Redis 正在启动时（将数据从硬盘加载到内存中），Redis 只会执行拥有 REDIS_CMD_LOADING 属性的命令。

拥有 REDIS_CMD_LOADING 属性的命令如下：

```
INFO
SUBSCRIBE
```

```
UNSUBSCRIBE
PSUBSCRIBE
PUNSUBSCRIBE
PUBLISH
```

2.6.11 版加入了 AUTH 命令，2.6.12 版加入了 SELECT 命令。

附录 B

配置参数索引

本附录列出了 Redis 中部分配置参数的章节索引，具体见表 B-1。

表 B-1　Redis 中部分配置参数列表及章节索引

参　数　名	默　认　值	使用 CONFIG SET 设置	章　　节
daemonize	no	不可以	2.2.1
pidfile	/var/run/redis/pid	不可以	2.2.1
port	6379	不可以	2.2.1
databases	16	不可以	2.5
save	save 900 1	可以	7.1.1
	save 300 10		
	save 60 10000		
rdbcompression	yes	可以	7.1.2
rdbchecksum	yes	可以	
dir	./	不可以	7.1.5
dbfilename	dump.rdb	可以	7.1.5
slaveof	无	不可以	8.1.1
masterauth	无	可以	9.1.2
slave-serve-stale-data	yes	可以	8.1.2
slave-read-only	yes	可以	8.1.1
requirepass	无	可以	9.1.2
rename-command	无	不可以	9.1.3

续表

参　数　名	默　认　值	使用 CONFIG SET 设置	章　　节
maxmemory	无	可以	4.2.4
maxmemory-policy	volatile-lru	可以	4.2.4
maxmemory-samples	3	可以	4.2.4
appendonly	no	可以	7.2.1
appendfsync	everysec	可以	7.2.3
auto-aof-rewrite-percentage	100	可以	7.2.2
auto-aof-rewrite-min-size	64mb	可以	7.2.2
lua-time-limit	5000	可以	6.4.4
slowlog-log-slower-than	10000	可以	9.3.1
slowlog-max-len	128	可以	9.3.1
hash-max-ziplist-entries	512	可以	4.6.2
hash-max-ziplist-value	64	可以	4.6.2
list-max-ziplist-entries	512	可以	4.6.2
list-max-ziplist-value	64	可以	4.6.2
set-max-intset-entries	512	可以	4.6.2
zset-max-ziplist-entries	128	可以	4.6.2
zset-max-ziplist-value	64	可以	4.6.2

CRC16 实现参考

Redis 集群使用 CRC16 对键名进行哈希计算来确定键与插槽的对应关系，其 ANSI C 的实现如下附代码，开发支持集群特性的客户端时可以以此为参考。该代码摘自 Redis 官方网站。

```
/*
 * Copyright 2001-2010 Georges Menie
 * Copyright 2010 Salvatore Sanfilippo (adapted to Redis coding style)
 * All rights reserved.
 * Redistribution and use in source and binary forms, with or without
 * modification, are permitted provided that the following conditions are met:
 *
 *     * Redistributions of source code must retain the above copyright
 *       notice, this list of conditions and the following disclaimer.
 *     * Redistributions in binary form must reproduce the above copyright
 *       notice, this list of conditions and the following disclaimer in the
 *       documentation and/or other materials provided with the distribution.
 *     * Neither the name of the University of California, Berkeley nor the
 *       names of its contributors may be used to endorse or promote products
 *       derived from this software without specific prior written permission.
 *
 * THIS SOFTWARE IS PROVIDED BY THE REGENTS AND CONTRIBUTORS ``AS IS'' AND ANY
 * EXPRESS OR IMPLIED WARRANTIES, INCLUDING, BUT NOT LIMITED TO, THE IMPLIED
 * WARRANTIES OF MERCHANTABILITY AND FITNESS FOR A PARTICULAR PURPOSE ARE
 * DISCLAIMED. IN NO EVENT SHALL THE REGENTS AND CONTRIBUTORS BE LIABLE FOR ANY
 * DIRECT, INDIRECT, INCIDENTAL, SPECIAL, EXEMPLARY, OR CONSEQUENTIAL DAMAGES
 * (INCLUDING, BUT NOT LIMITED TO, PROCUREMENT OF SUBSTITUTE GOODS OR SERVICES;
 * LOSS OF USE, DATA, OR PROFITS; OR BUSINESS INTERRUPTION) HOWEVER CAUSED AND
 * ON ANY THEORY OF LIABILITY, WHETHER IN CONTRACT, STRICT LIABILITY, OR TORT
 * (INCLUDING NEGLIGENCE OR OTHERWISE) ARISING IN ANY WAY OUT OF THE USE OF THIS
 * SOFTWARE, EVEN IF ADVISED OF THE POSSIBILITY OF SUCH DAMAGE.
 */

/* CRC16 implementation according to CCITT standards.
```

```
 *
 * Note by @antirez: this is actually the XMODEM CRC 16 algorithm, using the
 * following parameters:
 *
 * Name                          : "XMODEM", also known as "ZMODEM", "CRC-16/ACORN"
 * Width                         : 16 bit
 * Poly                          : 1021 (That is actually x^16 + x^12 + x^5 + 1)
 * Initialization                : 0000
 * Reflect Input byte            : False
 * Reflect Output CRC            : False
 * Xor constant to output CRC    : 0000
 * Output for "123456789"        : 31C3
 */
static const uint16_t crc16tab[256]= {
    0x0000,0x1021,0x2042,0x3063,0x4084,0x50a5,0x60c6,0x70e7,
    0x8108,0x9129,0xa14a,0xb16b,0xc18c,0xd1ad,0xe1ce,0xf1ef,
    0x1231,0x0210,0x3273,0x2252,0x52b5,0x4294,0x72f7,0x62d6,
    0x9339,0x8318,0xb37b,0xa35a,0xd3bd,0xc39c,0xf3ff,0xe3de,
    0x2462,0x3443,0x0420,0x1401,0x64e6,0x74c7,0x44a4,0x5485,
    0xa56a,0xb54b,0x8528,0x9509,0xe5ee,0xf5cf,0xc5ac,0xd58d,
    0x3653,0x2672,0x1611,0x0630,0x76d7,0x66f6,0x5695,0x46b4,
    0xb75b,0xa77a,0x9719,0x8738,0xf7df,0xe7fe,0xd79d,0xc7bc,
    0x48c4,0x58e5,0x6886,0x78a7,0x0840,0x1861,0x2802,0x3823,
    0xc9cc,0xd9ed,0xe98e,0xf9af,0x8948,0x9969,0xa90a,0xb92b,
    0x5af5,0x4ad4,0x7ab7,0x6a96,0x1a71,0x0a50,0x3a33,0x2a12,
    0xdbfd,0xcbdc,0xfbbf,0xeb9e,0x9b79,0x8b58,0xbb3b,0xab1a,
    0x6ca6,0x7c87,0x4ce4,0x5cc5,0x2c22,0x3c03,0x0c60,0x1c41,
    0xedae,0xfd8f,0xcdec,0xddcd,0xad2a,0xbd0b,0x8d68,0x9d49,
    0x7e97,0x6eb6,0x5ed5,0x4ef4,0x3e13,0x2e32,0x1e51,0x0e70,
    0xff9f,0xefbe,0xdfdd,0xcffc,0xbf1b,0xaf3a,0x9f59,0x8f78,
    0x9188,0x81a9,0xb1ca,0xa1eb,0xd10c,0xc12d,0xf14e,0xe16f,
    0x1080,0x00a1,0x30c2,0x20e3,0x5004,0x4025,0x7046,0x6067,
    0x83b9,0x9398,0xa3fb,0xb3da,0xc33d,0xd31c,0xe37f,0xf35e,
    0x02b1,0x1290,0x22f3,0x32d2,0x4235,0x5214,0x6277,0x7256,
    0xb5ea,0xa5cb,0x95a8,0x8589,0xf56e,0xe54f,0xd52c,0xc50d,
    0x34e2,0x24c3,0x14a0,0x0481,0x7466,0x6447,0x5424,0x4405,
    0xa7db,0xb7fa,0x8799,0x97b8,0xe75f,0xf77e,0xc71d,0xd73c,
    0x26d3,0x36f2,0x0691,0x16b0,0x6657,0x7676,0x4615,0x5634,
    0xd94c,0xc96d,0xf90e,0xe92f,0x99c8,0x89e9,0xb98a,0xa9ab,
    0x5844,0x4865,0x7806,0x6827,0x18c0,0x08e1,0x3882,0x28a3,
    0xcb7d,0xdb5c,0xeb3f,0xfb1e,0x8bf9,0x9bd8,0xabbb,0xbb9a,
    0x4a75,0x5a54,0x6a37,0x7a16,0x0af1,0x1ad0,0x2ab3,0x3a92,
    0xfd2e,0xed0f,0xdd6c,0xcd4d,0xbdaa,0xad8b,0x9de8,0x8dc9,
    0x7c26,0x6c07,0x5c64,0x4c45,0x3ca2,0x2c83,0x1ce0,0x0cc1,
    0xef1f,0xff3e,0xcf5d,0xdf7c,0xaf9b,0xbfba,0x8fd9,0x9ff8,
    0x6e17,0x7e36,0x4e55,0x5e74,0x2e93,0x3eb2,0x0ed1,0x1ef0
};

uint16_t crc16(const char *buf, int len) {
    int counter;
    uint16_t crc = 0;
    for (counter = 0; counter < len; counter++)
            crc = (crc<<8) ^ crc16tab[((crc>>8) ^ *buf++)&0x00FF];
    return crc;
}
```